RAINER ULRICH

Wer flattert hier?

KOSMOS

Distelfalter

Schwalbenschwanz

Kaisermantel

Esparsetten-Widderchen

Inhalt

WER FLATTERT HIER 5

WEISSE UND GELBE FALTER 17

HELLBRAUNE UND ORANGE FALTER 37

DUNKELBRAUNE UND SCHWARZE FALTER 85

BUNTE FALTER 111

SERVICE 132

Distelfalter

Wer flattert hier?

Schmetterlinge sind aus unserer Welt nicht wegzudenken. Sie gehören für uns wie selbstverständlich zum Sommer. Selbst mitten in den Großstädten können wir sie entdecken.

TÄNZER IM WIND

Wie Elfen kommen sie daher – zarte, zerbrechlich wirkende Wesen voll Anmut und Farbenpracht. Sie verzaubern Alt und Jung. Und beschreibt nicht der Ausdruck „Schmetterlinge im Bauch“ ein ganz besonders schönes Gefühl?

AUF DEM RÜCKZUG

Leider geht es den Schmetterlingen heute gar nicht mehr gut. Sie sind inzwischen selten geworden, ja aus weiten Teilen unserer Landschaft schon verschwunden. Es ist mittlerweile ein seltenes Ereignis, wenn man auf einem Spaziergang einige Falterarten sieht. Das fällt vielen Menschen auf – und die meisten bedauern es.

TROTZDEM

Es gibt sie noch, die Orte, wo man sie beobachten kann. Wo man angesichts der Vielzahl an Formen und Farben der herrlichen Schmetterlinge ins Schwärmen kommt. Wer beispielsweise einen naturnah gestalteten Garten besitzt, hat das Glück, Schmetterlinge aus unmittelbarer Nähe beobachten zu können. Und er kann vielen Falterarten eine dauerhafte Heimat geben.

Mit diesem Buch werden Sie die Schmetterlinge (neu) entdecken – und erleben. Und werden die einzelnen Falterarten näher kennenlernen und sie benennen können. Sie werden verborgene Details entdecken und staunen über diese schier unglaublichen Wunder der Natur.

Schmetterlinge sind zarte, faszinierende Wesen …

Wie viele Falterarten kennen Sie? Fünf, zehn oder sogar mehr als 20? Mit 20 liegen Sie schon ganz weit über dem Durchschnitt aller Bundesbürger.

Das Bestimmungsbuch, das Sie gerade in Ihren Händen halten, ist für interessierte Laien geschrieben. Hierin habe ich eine **Auswahl von rund 130 Schmetterlingen** zusammengestellt. Dabei war mir als erfahrener Praktiker wichtig, für Sie als Leser insbesondere solche Arten auszuwählen, denen Sie zu Hause im Garten sowie auf Spaziergängen durch die Wiesen und Wäldern in Ihrer näheren Umgebung auch wirklich begegnen. Also eher häufige, auffallende Schmetterlinge, die Sie leicht erkennen und bestimmen können. Das sind fast ausnahmslos Tagfalter sowie bunte Nachtfalter, die tagsüber im Sonnenschein fliegen.

FÜNF VON 3 600 ARTEN

Die überwiegende Mehrzahl der Deutschen kann gerade mal eine Handvoll Arten aufzählen. Dabei gibt es allein in Deutschland sage und schreibe über 3 600 (!) verschiedene Schmetterlinge.

Von ihnen gehören allerdings nur etwa 200 zu den bekannten Tagfaltern. Die meisten, rund sechs Mal mehr, sind Nachtfalter, die „wie die Motten zum Licht“ fliegen. Was nicht ganz stimmt: Denn erstaunlicherweise fliegt rund ein Viertel aller Nachtfalter auch tagsüber. Zehn Prozent von ihnen (etwa 130 Arten) sind sogar nur tagsüber im Sonnenschein, zusammen mit den Tagfaltern, unterwegs. Diese erstaunlich bunte Gruppe der rund 330 „Tagaktiven Nachtfalter“ können Sie in meinem gleichnamigen KOSMOS-Buch, dem Standardwerk für den deutschsprachigen Raum, bewundern.

Auf die Aufnahmen von Nachtfaltern, die nur in der Dunkelheit aktiv sind, habe ich fast völlig verzichtet. Denn die gut getarnten eher düster gefärbten „Motten“ finden Sie nur ganz ausnahmsweise einmal am Tag. Und zudem sind sie schwer zu bestimmen.

WER DIE RAUPE NICHT EHRT, IST DEN SCHMETTERLING NICHT WERT!

Das WUNDERbarste bei den Schmetterlingen ist die sogenannte Metamorphose. Denn die Verwandlung von Ei über Raupe und Puppe bis hin zum fertigen Falter ist einfach faszinierend. Die meisten haben diese als Kind im Kindergarten und in der Schule schon einmal hautnah miterlebt.

Leider haben insbesondere die Raupen immer noch ein schlechtes Image. Sie gelten als „hässlich" und „schädlich" – man macht ihnen am besten den Garaus. Doch Sie wissen ja: Wer froh ist, wenn er einen Schmetterling sieht, der muss auch die Raupen achten. Denn ohne Raupen gibt es keine Schmetterlinge. Ich bin überzeugt: „Wer die Raupe nicht ehrt, ist den Schmetterling nicht wert!"

Damit stehe ich übrigens nicht allein, wie das schöne Gedicht von Theodor Storm beweist:

HÜTE, HÜTE DEN FUSS
UND DIE HÄNDE,
EH SIE BERÜHREN DAS ÄRMSTE DING.
DENN DU ZERTRITTST EINE
HÄSSLICHE RAUPE
UND TÖTEST DEN SCHÖNSTEN
SCHMETTERLING.

Die meisten Schmetterlingsraupen sind nur auf eine Pflanzenfamilie spezialisiert. Sie verhungern eher, als dass sie andere Pflanzen anrühren würden. Wenn Schmetterlinge selten werden oder gar aussterben, liegt das fast immer daran, dass die Nahrungspflanzen der Raupen durch die zu intensive Nutzung der Landschaft oder durch Umweltveränderungen

ANZAHL DER SCHMETTERLINGSARTEN IN DEUTSCHLAND

TAGFALTER > 190 Arten

NACHTFALTER > 1 250 Arten
über 300 Nachtfalterarten fliegen (auch) tagsüber

KLEINSCHMETTERLINGE
(Motten, Zünsler, Wickler) > 2 150 Arten

ANZAHL DER ARTEN INSGESAMT > 3 600 Arten

Russischer Bär, ein tagaktiver Nachtfalter

verschwinden. Die Schmetterlinge gehen also zurück, weil es den *Raupen* nicht mehr gut geht – die Falter selbst finden meist immer noch genug Blüten, um Nektar zu saugen.

Die aus winzigen Eiern schlüpfenden Raupen brauchen für ihre Entwicklung durchschnittlich drei bis vier Wochen.

Sie häuten sich vier bis fünf Mal. Viele Raupen werden nicht nur größer, sie verändern dabei oft auch ihre Farbe. Bei jeder Häutung platzt die zu klein gewordene, nur begrenzt dehnbare Haut auf und wird durch eine darunter liegende größere ersetzt. Die letzte Raupenhäutung ist die Umwandlung zur Puppe – die Verpuppung. Die Puppe ist also das letzte Raupenstadium, aus dem schließlich der Falter schlüpft. Der ebenso faszinierende wie komplizierte Vorgang der Metamorphose ist abgeschlossen!

Karst-Weißling

Das Falterglück selbst dauert nur ganz kurze Zeit. Die Falter werden im Durchschnitt nur zwei bis drei, wenn es gut geht auch einmal vier Wochen alt. Schmetterlinge, die nur einmal im Jahr (also in einer Generation) erscheinen, leben daher über 90 Prozent ihres Daseins als Ei, Raupe oder Puppe. Meist überstehen diese Falterarten als Raupe den Winter – die Raupe kommt dann auf eine Gesamtlebenszeit von über über 10 Monaten.

Freuen Sie sich an der Schönheit der bunten Falter, „ehren“ Sie die Raupen und lernen Sie ihre einmalige Vielfalt näher kennen. Begeistern, ja „verlieben“, Sie sich in die Schmetterlinge. Und stecken Sie damit andere Menschen an. Vor allem junge Menschen, damit die Falter eine Zukunft haben!

SCHMETTERLINGE SCHÜTZEN

Was kann jeder selbst in seinem Umfeld tun, um Schmetterlinge zu schützen? Viel mehr, als Sie denken!

Verwandeln Sie einfach den eigenen Garten in einen „Schmetterlingsgarten“! Und überzeugen Sie die Nachbarn, dass sie sich ein Stück Natur in den Garten zurückholen, wenn sie mit ihrem Garten „nachziehen". So könnte um Ihr Grundstück eine kleine Wohlfühloase für Falter entstehen.

In meinem mit rund 500 m² vergleichsweise kleinen Naturgarten wimmelt es nur so von Insekten. Genau 46 Tagfalterarten (in Worten: sechsundvierzig!) habe ich bisher gezählt. Und 26 Arten haben sich hier in meinem kleinen Garten fortgepflanzt. Also: Mein Garten ist ein wertvolles Rückzugsgebiet für Schmetterlinge! Machen Sie es genauso. Denn: *Jeder* Garten lässt sich so umgestalten, dass er zumindest naturnäher wird – und damit für Schmetterlinge interessanter.

Der wichtigste Grundsatz für einen schmetterlingsfreundlichen Garten lautet: Je strukturenreicher (also „unordentlicher"!) der Garten ist, umso attraktiver wird er für Schmetterlinge. Große wilde Gärten, die sonnig und blütenreich sind, ziehen Falter besonders an. Ganz wichtig: Ungedüngte Flächen sind blumenreicher und damit deutlich wertvoller als nährstoffreiche Stellen. Bringen Sie nur einheimische Pflanzen ein, denn daran sind die Falter seit Jahrtausenden angepasst. Und chemische Spritzmittel sind in einem Naturgarten selbstverständlich absolut tabu.

Als einfache aber sehr effektive Startmaßnahme empfehle ich ihnen, vier (oder mehr) Kohlsetzlinge in ihren Garten zu pflanzen. Dann können Sie die komplette Metamorphose des schönen Großen Kohlweißlings bis hin zum fertigen Falter beobachten: die Eiablage des Weibchens an den Kohlblättern, die daran fressenden auffälligen Raupen sowie die Puppen in den Fensternischen ihres Hauses. Mit dieser ungewöhnlichen Maßnahme haben Sie einen wertvollen Beitrag zur Erhaltung einer mittlerweile selten gewordenen Falterart getan.

FFH-Art Apollofalter

SO SIEDELE ICH SCHMETTERLINGE IM GARTEN AN – IN FÜNF SCHRITTEN, VON LEICHT BIS SCHWER

Schritt 1: Kohl pflanzen für den Großen Kohlweißling

Vier Kohlpflanzen und/oder eine Kapuzinerkresse in einer Gruppe einpflanzen. Nur bei dieser Art kann man im Garten die komplette Metamorphose zum fertigen Falter beobachten. Puppen zu entdecken ist bei anderen Arten fast unmöglich. Kosten: 1 €.

ERKLÄRUNG DER VERWENDETEN SYMBOLE

Bei den einzelnen Insektenarten finden Sie in diesen Symbolen verschiedene Angaben zu Größe und Lebensweise.

GRÖSSENANGABEN

XXL Riesig: > 9 cm
Nachtfalter: Totenkopfschwärmer, Windenschwärmer, Wiener Nachtpfauenauge
Tagfalter: nur tropische Falter

XL Sehr groß: 6,5–9 cm
Tagaktive Nachtfalter: Ordensbänder, Nagelfleck
Tagfalter: Schwalbenschwanz, Segelfalter, Apollofalter, Schillerfalter
Kreditkarte, Länge: 8,5 cm

L Groß: 5–6,5 cm
Tagaktive Nachtfalter: Spanische Fahne, Hausmutter, Eichenspinner
Tagfalter: Admiral, Distelfalter, Tagpfauenauge, Zitronenfalter
Zündholzschachtel: 5,3 cm; Kreditkarte, Höhe: 5,4 cm

M Mittelgroß: 3,5–5 cm
Tagaktive Nachtfalter: Taubenschwänzchen, Hummelschwärmer, Gamma-Eule, Schwammspinner, Rotrandbär;
Nachtfalter: Großer Frostspanner
Tagfalter: Kleiner Fuchs, Gewöhnlicher Gelbling, Aurorafalter, „Kleine“ Weißlinge

S Klein: 2,5–3,5 cm
Tagaktive Nachtfalter: viele Spannerarten (Pantherspanner, Jungfernkind-Arten, Labkraut-Spanner, Blattspanner), Flechtenbären, Blutströpfchen, Goldeulen
Nachtfalter: Kleiner Frostspanner
Tagfalter: Bläulinge, Dickkopffalter, Wiesenvögelchen
2-Euro-Stück: Durchmesser 2,5 cm

XS Sehr klein: < 2,5 cm
Tagaktive Nachtfalter: Glasflügler, Sackträger, viele Spannerarten (insbesondere die Zwergspanner und Gletscherspanner)
Tagfalter: kleinste Bläulinge (Zwerg-Bläuling, Kurzschwänziger Bläuling), kleinste Dickkopffalter (Gewöhnlicher Würfelfalter)

FALTERGRUPPE

 = Tagfalter

 = Tagaktiver Nachtfalter = Nachtfalter, häufig bzw. ausschließlich tagsüber aktiv

 = Tagaktiver Nachtfalter = Nachtfalter, selten auch tagsüber aktiv

 = Nachtfalter

ROTE LISTE

Die Einstufung einer Art in der Roten Liste gibt Rückschlüsse auf die Seltenheit und die Wahrscheinlichkeit, dass es sich tatsächlich um die betreffende Art handelt.

Je gefährdeter bzw. seltener eine Art ist, desto unwahrscheinlicher ist es, sie (im Garten) anzutreffen.

- RL – Rote Liste Deutschland (2011), Gefährdungskategorien
- RL 0 – Ausgestorben oder verschollen
- RL 1 – Vom Aussterben bedroht
- RL 2 – Stark gefährdet
- RL 3 – Gefährdet
- RL R – Extrem selten
- RL G – Gefährdung anzunehmen
- V – Art der Vorwarnliste (steht außerhalb der Roten Liste)
- D – Daten unzureichend
- ☆ – Ungefährdet
- FFH – Art der Fauna-Flora-Habitat-Richtlinie: europaweit geschützte Art
- § – Nach der Bundesartenschutzverordnung in Deutschland besonders geschützt
- 👍 – Nicht geschützt. Diese Arten dürfen sie beispielsweise ohne Genehmigung züchten.

VORKOMMEN IN NATURGÄRTEN

✿ Der Falter ist sehr weit verbreitet. Er ist bezüglich seines Lebensraums recht anspruchslos. Sie können ihn häufig in Naturgärten und in Siedlungen beobachten.

☺ Der Falter vermehrt sich regelmäßig in Naturgärten. Sie können hier an den speziellen Nahrungspflanzen die Raupen oder Eier des Falters finden. Die Art lässt sich leicht im Garten ansiedeln, wenn sie die geeigneten Raupen-Nahrungspflanzen einbringen.

😐 Der Falter ist bezüglich seines Lebensraums eher anspruchsvoll. Er kommt nur gelegentlich in Naturgärten oder in Siedlungen vor und macht hier meist nur zum Saugen kurz Rast (z. B. am Schmetterlingsflieder).

☹ Der Falter lebt nur in ganz speziellen Lebensräumen (z. B. Trockenrasen, Moore, Bergwiesen) und taucht im Garten sowie in Siedlungen so gut wie nie auf.

Wunderschöne Raupe des Schwalbenschwanzes.

Schritt 2: Wir pflanzen einen Schmetterlingsflieder *(Buddleija)*

Einen Schmetterlingsflieder, *die* Beobachtungsstation für Schmetterlinge schlechthin, im Garten an einer sonnigen möglichst windgeschützten Stelle pflanzen. Beste Blütenfarbe für Falter: Hellviolett. Kosten: 10 €.

Schritt 3: Rasen teilweise wachsen lassen; eine Brennnesselecke stehen lassen

Wir lassen einen Teil des Rasens durchwachsen und mähen ihn erst im Herbst mit der Sense oder der Sichel. Einen Teil des Rasens (z. B. einen 2 m breiten Streifen) am Rand des Grundstücks stehen lassen. Zusätzlich eine Brennnesselecke stehen lassen – am besten am Rand ihres Komposthaufens. Kosten: 0 €.

Schritt 4: 2 m² Wiese für Schmetterlinge anlegen

Einen 2 x 1 m langen Rasenstreifen in eine Schmetterlingsecke umwandeln. Rasensoden entfernen, mageres, nährstoffarmes Substrat aus Sand, Feinschotter oder Rheinkies einfüllen und folgende 12 Schmetterlings-Nektar- bzw. Raupen-Nahrungspflanzen einpflanzen: 1 Lavendel (in Ecke), 1 Schleifenblume, 1 Dost, 2 Hornklee, 2 Rotklee, 2 Thymian, 1 Natternkopf, 1 Acker-Witwenblume, 1 Spornblume

Möglichst windgeschützte, sonnige Ecke (z. B. vor einer Hecke) aussuchen. Kosten: etwa 30 – 40 € (mit Material).

Schritt 5: Eine Schmetterlingsspirale anlegen

Die von mir entwickelte *Schmetterlingsspirale* ist *der* Anziehungspunkt für bunte

Bunte Blumenwiese – ein Schmetterlingstraum

Falter. Die Schmetterlingsspirale wird wie eine Kräuterspirale aufgebaut. Sie passt sogar auf die Terrasse! Sie wird mit ausgesuchten Wildpflanzen bestückt, die für die Raupen und Schmetterlinge als Nahrung wichtig sind. Gebaut wird sie mit Natursteinen, die zur Mitte höher werden. Die Zwischenräume sind mit nährstoffarmer, magerer Erde sowie Feinschotter bzw. Sand gefüllt. Der Boden wird nach oben hin immer trockener und „ärmer". Im Internet gibts detaillierte Bauanleitungen.

Die Schmetterlingsspirale zieht mit ihren einheimischen Wildpflanzen Schmetterlinge aus der Umgebung magisch an.
Sie enthält Raupen-Nahrungspflanzen, an denen in den meisten Gärten die Falter ihre Eier ablegen. Und natürlich auch wertvolle Nektarspender (Saugpflanzen), auf die die Falter „fliegen".
An diesen Pflanzen können sie sowohl Eier, Raupen als auch die Falter der wunderschönen heimischen Schmetterlingsarten auch tatsächlich entdecken und beobachten. Quasi mit Erfolgsgarantie! Welche Pflanzen wo hin hingepflanzt werden – das entnehmen Sie der *Tabelle* auf Seite 14.

Schritt 6: Der Profi-Schmetterlingsgarten
Sie wollen noch mehr machen? Dann mähen Sie ihren langweiligen Rasen nur noch zweimal – und entwickeln Sie ihn zu einer Blumenwiese. Bauen Sie am Rand der Blumenwiese eine südexponierte Trockenmauer. Und grenzen Sie das Grundstück mit einer Wildhecke mit Schlehe und anderen heimischen Sträuchern ein.

Nun haben Sie ihr eigenes Schmetterlingsparadies – und das direkt vor ihrer Haustür!

STANDORTANSPRÜCHE DER PFLANZEN UND BEREICH IN DER SPIRALE:

1 GANZ OBEN – nährstoffarm, sonnig & trocken, sandig-steinig:
Thymian, Lavendel, Acker-Witwenblume, Rote Spornblume, Königskerze, Schnee-Heide; (Heidekraut; sauer)

2 GANZ OBEN – wie 1, kalkliebende Pflanzen (Boden mit Kalkanteilen – aber keine Bedingung):
Dost, Hornklee, Karthäuser-Nelke, Natternkopf, Moschusmalve, Schleifenblume; (Huflattich, feucht-frisch)

3 MITTE – mäßig nährstoffversorgt:
Stockrose, Kapuzinerkresse, Fenchel, Dill, Rotklee

4 UNTEN – nährstoffreich; humoser, guter Gartenboden:
Kohl, Knoblauchsrauke (schattig); (Brennnessel)

Der Autor pflegt seine Blumenwiese.

SCHMETTERLINGSSPIRALE

PFLANZE	FALTERARTEN	ANMERKUNG
Feld-Thymian *(Thymus serpyllum)* und andere *Thymus*-Arten	für viele Arten (Falter)	Attraktive Saugpflanzen, wie der Dost beliebtes Würzkraut und damit auch Bestandteil klassischer Kräuterschnecken.
Lavendel *(Lavandula angustifolia)*	insbesondere Weißlinge und Blutströpfchen fliegen auf Lavendel (Falter)	Mediterrane Art mit toller Blüte, die viele Falter anzieht. Getrocknete Blüten für Duftkissen, vertreiben Motten im Kleiderschrank.
Acker-Witwenblume *(Knautia arvense)*	insbesondere für Augenfalter und Blutströpfchen (Falter)	Einer der besten Nektarpflanzen, blüht lang.
Rote Spornblume *(Centranthus ruber)*	für viele Tagfalter und das Taubenschwänzchen (Falter)	Tolle Nektarpflanze mit sehr langer Blütezeit (von April bis Oktober).
Königskerze *(Verbascum)*, insbesondere Mehlige und Kleinblütige K. *(V. lychnitis, V. thapsus)*	Königskerzen-Mönch (Raupen)	Die bunten Raupen dieses Eulenfalters sind deutlich schöner als die großen unscheinbar grau gefärbten Nachtfalter. Die Raupen sind leicht an den Fraßspuren zu entdecken.
Schnee-Heide *(Erica carnea)*	für mehrere Arten (Falter)	Saugpflanze für die Überwinterer, blüht den Winter hindurch.
Dost *(Origanum vulgare)*	für viele Arten (Falter)	Die auch als Wilder Majoran bekannte Staude gehört im Sommer zu den wichtigsten Falter-Saugpflanzen. DAS Pizzagewürzkraut!
Hornklee *(Lotus corniculatus)*	Gewöhnlicher Bläuling u. a. Arten (Eier, Falter)	Ausgezeichnete Saugpflanze und Raupen-Nahrungspflanze; für viele Falterarten. Vom Gewöhnlichen Bläuling findet man Eier und Raupen.
Karthäuser-Nelke *(Dianthus carthusianorum)*	für viele Arten (Falter)	Sehr schöne Saugpflanze, auf steinigem Untergrund, in Kombination mit Natternkopf.
Natternkopf *(Echium vulgare)*	für viele Arten (Falter)	Saugpflanze für Falter, wird recht hoch und gehört daher in der Schnecke eher nach oben.
Schleifenblume *(Iberis sempervirens)*	Karst-Weißling (Eier, Raupen)	Die Pflanze steht in Neubaugebieten in fast jedem Steingarten bzw. Vorgarten. Der mittlerweile häufige Neu-Einwanderer legt hier seine Eier ab.

PFLANZE	FALTERARTEN	ANMERKUNG
Stockrose *(Alcea rosea)* Alternative: Moschusmalve *(Malva moschata)*	Malven-Dickkopffalter (Eier, Raupen)	Schöne, genügsame Bauerngartenpflanze. Eier; die Raupen findet man leicht in den auffallenden Blatttüten.
Echter Fenchel (*Foeniculum vulgare*) Alternative: Dill *(Anethum graveolens)*	Schwalbenschwanz (Eier, Raupen)	Es müssen nicht Fenchel oder Dill sein, die attraktiven Schwalbenschwanzraupen fressen auch an anderen Doldenblütlern (wie Wilder Möhre). Die beiden Arten können aber gleichzeitig gut als Würzkräuter genutzt werden.
Rotklee *(Trifolium pratense)*	Rotklee-Bläuling und Kurzschwänziger Bläuling (Eier, Falter)	Eiablageplatz und Saugpflanze
Kohl *(Brassica oleracea)* Schöne Alternative: Kapuzinerkresse *(Tropaeolum majus)*	Kleiner und Großer Kohlweißling (Falter, Eier, Raupen, Puppen)	Zwei bis drei Setzlinge verwenden. Beste Sorten für die Raupen sind Rosenkohl (den können Sie danach sogar essen!), Brokkoli und Blumenkohl. Beobachten lassen sich die Eiablage, Eier und Raupen; später benachbart an der Hauswand sogar die Puppen. Das gelingt bei sonst keiner anderen Falterart!
Knoblauchsrauke *(Alliaria petiolata)*	Aurorafalter (Eier, Raupen)	Die Blätter lassen sich auch als Wildkräutersalat nutzen – wenn die Raupen etwas übriglassen. Gehört in die Schattenecke.

ZUSÄTZLICHE PFLANZEN IN DER NÄHE:

– **Blutweiderich** *(Lythrum salicaria)*: für den Garten-Bläuling. Die Falter saugen hier und legen an den Blüten ihre Eier ab. Am Rand des Gartenteichs, Feuchtstelle. Groß, attraktiv.

– **Heidekraut** *(Calluna vulgaris)*: Eiablage, Eier vom Garten-Bläuling. Saugpflanze im Spätsommer.

– **Huflattich** *(Tussilago farfara)*: Erste einheimische Saugpflanze für Falter im Frühjahr. Blüht schon im Februar.

– **Brennnesseln** *(Urtica dioica)*: Raupen-Nahrungspflanze für die sechs prächtigen Edelfalter Kleiner Fuchs, Tagpfauenauge, Admiral, Distelfalter, C-Falter und Landkärtchen. An unterschiedlichen Standorten wachsen lassen (sonnig, trocken bzw. schattig).

– **Gräser** unmittelbar zwischen den Steinen am Rand der Schmetterlingsspirale („Trockenmauer") unbedingt stehen lassen. Denn hier legen die beiden Augenfalter Mauerfuchs und Braunauge Eier ab.

– Und natürlich ein **Schmetterlingsflieder** als Beobachtungsstation für Falter – quasi ein Futterhaus für Schmetterlinge.

Schwalbenschwanz

Weiße und gelbe Falter

Weiße und gelbe Schmetterlinge fallen in der Umgebung besonders auf. Nicht nur uns Menschen – sondern vor allem auch den Insektenjägern wie Vögel oder „Raubinsekten". Deshalb gibt es auch verhältnismäßig wenige weiße – und noch deutlich weniger gelbe Falter.

WEISS – NATÜRLICH DIE WEISSLINGE

Die meisten Tagfalter dieser Farbgruppe zählen zu den namensgebenden Weißlingen – alle 19 in Deutschland fliegenden Weißlingsarten sind weiß oder gelb. Hierzu gehören unsere häufigsten und verbreitetsten Falter wie die Kohlweißlinge und Zitronenfalter. Bei einigen dieser Arten (wie z. B. dem Zitronenfalter) sind die Männchen gelb und die Weibchen weiß.

AUFFALLEND WEISS = GIFTIG

Die weithin auffallende, einprägsame weiße Farbe zeigt an, dass viele Falter für Fressfeinde ungenießbar sind: Ihre Raupen haben die Giftstoffe ihrer Nahrung im Falterkörper gespeichert.

WEISS-GELBE RITTER

Weiß-gelb sind auch die größten und prächtigsten Tagfalter: Alle sechs deutsche Ritterfalter wie der Schwalbenschwanz und die Apollofalter gehören hierzu. Unter den tagaktiven Nachtfaltern sind die beiden Farben vergleichsweise häufig. Allerdings sind bei diesen Arten oft nur die Hinterflügel gelb.

Schwalbenschwanz

Freuen Sie sich, wenn Sie diesen wunderschönen Schmetterling entdecken. Er ist einer der größten und schönsten heimischen Tagfalter!

DER NATIONAL-SCHMETTERLING

DER NATIONAL-SCHMETTERLING
Der prächtige große Schwalbenschwanz zieht in offenen Landschaften mit sonnigen, blütenreichen Wegrändern, Wiesen und brachliegenden Flächen umher und besucht auch Gärten, wo er häufig am Schmetterlingsstrauch saugt. Wenn es einen „National-Schmetterling“ gäbe, würde ich für Deutschland den Schwalbenschwanz auswählen!

STECKBRIEF

NAME: *Papilio machaon* (Ritterfalter, Papilionidae)

GRÖSSE: XL

FLUGZEIT: Anfang April bis August in 2 Generationen

VORKOMMEN: Gärten und blütenreiche Wiesen

RAUPEN-NAHRUNGSPFLANZEN: verschiedene Doldenblütler wie Möhre, Fenchel, Dill und Petersilie

SCHÖNE RAUPE
Das Weibchen legt jeweils ein Ei an verschiedene Doldenblütler. Schwalbenschwanzraupen findet man von Mai bis August häufiger in Gemüsegärten an Möhren oder Küchenkräutern wie Dill und Petersilie.
Die unverkennbaren, bis zu 4,5 cm langen Raupen sind auffallend hübsch. Sie sind hellgrün gefärbt mit schwarzen, orangerot gepunkteten Querbinden. Bei Bedrohung

3 TYPISCHE MERKMALE

- sehr großer Falter
- schwarz-gelb mit deutlichen Zipfeln an den Hinterflügeln
- Band aus blauen Flecken und rotem Punkt

RAUPE IM GARTEN

DER MAJESTÄTISCHE SEGELFALTER IST EIN ELEGANTER SEGELFLIEGER.

SEGELFALTER

stülpen sie eine orangefarbene, unangenehm riechende Nackengabel aus.
Obwohl die Nahrungspflanzen der Raupen fast überall wachsen, ist der herrliche Schwalbenschwanz deutlich seltener geworden.
Das liegt unter anderem natürlich daran, dass es immer weniger biologisch bewirtschaftete Gemüsegärten gibt.
Um einen Partner für die Paarung zu finden, zeigt der Schwalbenschwanz ein besonderes Verhalten, das sogenannte „hilltopping" – auch Gipfelbalz genannt. Schwalbenschwänze kommen von weit her, um sich an markanten Hügeln oder Bergkuppen zu treffen und hier ihre Balzflüge aufzuführen.

SEGELFALTER

„Hilltopping" zeigt auch der fast ebenso große ähnliche Segelfalter *(Iphiclides podalirius).* Dieser wunderschöne Falter ist sehr wärmeliebend und selten. Er kommt in Weinbaugebieten (z. B. Mosel, Nahe, Mittelrhein) und in warmen Teilen von Ostdeutschland vor.
Sie können den eleganten Flieger leicht an der streifenartigen Zeichnung sowie den längeren Zipfeln der Hinterflügel vom Schwalbenschwanz unterscheiden. Der Segelfalter fliegt von Mitte April bis Ende September in zwei Generationen.

Apollofalter

Der Apollofalter ist der König der Schmetterlinge. Die Beobachtung der prächtigen Falter ist für jeden Falterfreund ein absolutes Highlight!

XL RL2 FFH §

APOLLOFALTER IN WARNSTELLUNG

STECKBRIEF

NAME: *Parnassius apollo* (Ritterfalter, Papilionidae)

GRÖSSE: XL

FLUGZEIT: Juni bis Ende August in 1 Generation

VORKOMMEN: an trockenen, felsigen, blütenreichen Berghängen. In den Alpen meist zwischen 1000 und 2000 m

RAUPEN-NAHRUNGSPFLANZEN: Weißer Mauerpfeffer

DER KÖNIG

Die Ritterfalter sind die Könige der Schmetterlinge! Sie bilden die größte und prächtigste einheimische Tagfaltergruppe – und sie sind großartige Flieger. Der „König der Könige“ ist der prächtige Apollofalter. Wenn die Falter elegant und mühelos an Felswänden und Steilhängen entlang segeln, schlägt das Herz jedes Schmetterlingsfreundes schneller!

DIE AUFFALLENDE RAUPE IST GIFTIG.

RAUPE IM MAUERPFEFFER

3 TYPISCHE MERKMALE

- Flügel weiß mit schwarzen Flecken und transparenten Bereichen
- Hinterflügel mit 2 markanten roten Augen
- sehr groß und unverwechselbar

HOCHALPEN-APOLLO

BERGSCHMETTERLINGE

Die wunderschönen Apollofalter sind charakteristische Bergschmetterlinge. Sie gehören in den Zentral- und Südalpen durchaus noch zum gewohnten Bild blütenreicher Bergwiesen. In Deutschland ist der Apollofalter leider fast ausgestorben. Außerhalb der Alpen gibt es ihn nur noch in ganz wenigen Gebieten - wie zum Beispiel der Fränkischen Alb. Im Moseltal steigt er am tiefsten herunter; hier wurde sogar ein Spazierweg bei Cochem nach ihm benannt – der Valwiger Apolloweg.

VORSICHT, GIFTIG!

Die Zeichnung des Apollofalters mit seinen markanten roten Punkten ist nicht zufällig entstanden. Es ist eine Warnfärbung, die den Fressfeinden signalisiert: Vorsicht, ich bin giftig! Das gilt auch für die schwarz-orange farbigen Raupen. Sie nehmen die Gifte aus ihrer Nahrung, dem Mauerpfeffer, auf.

KEUSCHHEITSGÜRTEL

Die Apollomännchen haben übrigens eine im Falterreich einmalige Methode entwickelt, damit ihre Weibchen von anderen Männern in Ruhe gelassen werden. Nach der Begattung bilden sie eine „Begattungstasche“ aus Chitin aus, die andere männliche Bewerber wirksam abhält. Ein Keuschheitsgürtel für das Apolloweibchen!

NOCH SELTENER: DER HOCHALPEN-APOLLO

Vom ähnlichen Hochalpen-Apollo *(Parnassius phoebus)* wurden in Deutschland bisher nur einige wenige Falter in den Allgäuer Alpen beobachtet. Er lebt in den feuchten Alpenbereichen ab 2000 m aufwärts.

Aurorafalter

Dieser besonders hübsche kleine Falter gehört zu den ersten Frühlingsboten. Man kann ihn im April und Mai in Gärten und Obstwiesen beobachten.

MÄNNCHEN

STECKBRIEF

NAME: *Anthocharis cardamines* (Weißlinge, Pieridae)

GRÖSSE: M

FLUGZEIT: Ende März bis Anfang Juni in 1 Generation

VORKOMMEN: auf feuchten Wiesen, an Waldrändern, in Obstwiesen, Siedlungen, Gärten und Parks

RAUPEN-NAHRUNGSPFLANZEN: vorzugsweise Wiesenschaumkraut und Knoblauchsrauke

AURORA – DER SONNENSTERN

Der Name Aurorafalter ist schön und zutreffend zugleich. Aurora ist die Göttin der Morgenröte. Und tatsächlich erinnert der große leuchtend orangegelbe Fleck auf den Vorderflügeln der Männchen an die aufgehende Morgensonne. Übrigens – eine Lebensmittelmarke (Mehl) wirbt seit Jahrzehnten mit dem gleichen Namen: Aurora mit dem Sonnenstern.

ZEHN MONATE ALS PUPPE

Der Aurorafalter ist einer der ersten Frühlingsboten. Er hat den langen Winter im Puppenstadium überdauert. Insgesamt zehn Monate hängt die Puppe gut getarnt in der Vegetation, bis im Frühjahr endlich der Falter schlüpft. Die graubraune, sehr schlanke Gürtelpuppe ist am Kopfende in einen langen, zur Rückenseite gebogenen

DIE GRÜNEN RAUPEN SIND EBENSO GUT GETARNT WIE DIE SITZENDEN FALTER.

UNTERSEITE WEIBCHEN

RAUPE

3 TYPISCHE MERKMALE

- Männchen mit einem großen orangefarbenen Fleck in der Vorderflügelspitze
- Weibchen einfarbig weiß
- deutlich kleiner als ein Kohlweißling

EI

Dorn ausgezogen. Sie erinnert an einen Pflanzendorn und ist an einem dürren Pflanzenstängel kaum zu entdecken.

HÄUFIG IN GÄRTEN UND IN OBSTWIESEN

Die Falter fliegen zur Blütezeit von Löwenzahn und Wiesenschaumkraut. Sie saugen eifrig an diesen Pflanzen – insbesondere in unseren Gärten und in Obstwiesen. Hier legen die unscheinbar weiß gefärbten Weibchen (ihnen fehlt der orangefarbene Fleck in den Vorderflügeln) auch ihre Eier an Knoblauchsrauke und Wiesenschaumkraut ab. Die grünen Raupen sind an diesen Pflanzen super getarnt und praktisch unauffindbar. Erfolgversprechender ist es, nachmittags bei Sonnenschein die Weibchen zu verfolgen und ihnen bei der Eiablage zuzusehen. Die Weibchen sind von den deutlich größeren Kohlweißlingen durch ihre grünlich marmorierte Unterseite der Hinterflügel zu unterscheiden.
Damit sind sie so gut getarnt, dass man sie kaum entdecken kann, wenn sie ruhig in der Vegetation sitzen.

Großer Kohlweißling

Der prächtige Große Kohlweißling ist die einzige Falterart, von der Sie alle drei Entwicklungsstadien leicht im heimischen Garten finden können.

L

WEIBCHEN

STECKBRIEF

NAME: *Pieris brassicae* (Weißlinge, Pieridae)

GRÖSSE: L

FLUGZEIT: Mitte April bis September in 2–3 Generationen

VORKOMMEN: Kulturfolger. In Gärten, Siedlungen und Gemüsefeldern

RAUPEN-NAHRUNGSPFLANZEN: vor allem an Gemüsekohl; auch an Raps und Kapuzinerkresse.

SCHÄDLING? DAS WAR EINMAL …

Der Große Kohlweißling ist ein prächtiger Schmetterling. Aber er hat ein schlechtes Image. Denn er gilt immer noch als gefürchteter Schädling im Garten. Aber: Das war einmal! Die Art ist mittlerweile vielerorts selten geworden. Denn wer pflanzt heute noch Kohl an?

EINZIGARTIG: ALLE DREI ENTWICKLUNGSSTADIEN

Auch wenn Sie keinen Gemüsegarten haben, können Sie den Großen Kohlweißling problemlos in ihrem Garten ansiedeln. Pflanzen Sie einfach einige Kohlsetzlinge – vier Stück kosten gerade mal 1 €. Dann können Sie alle drei Entwicklungsstadien der Art beobachten. Das ist übri-

3 TYPISCHE MERKMALE

- größte Kohlweißlingsart
- Vorderflügel oberseits mit breitem schwarzen Spitzenfleck
- die grünlich gelben Raupen sind leicht an Kohl zu finden.

BESONDERES FOTOMOTIV: DIE PUPPE AN DER HEIMISCHEN TERRASSENTÜR.

EIGELEGE

RAUPEN AN KOHL

PUPPE AN TERRASSENTÜR

gens für Laien bei keiner anderen Art in Deutschland möglich. Somit ist der Große Kohlweißling einzigartig!
Leicht finden Sie die hellgelben, spindelförmigen Eier, die das Weibchen in Gruppen unter die Kohlblätter legt. Daraus schlüpfen die schönen, grün-gelben Raupen. Sie sitzen frei auf den Blättern und sind dadurch recht auffällig. Die Raupen wissen anscheinend, dass sie durch die Senföle aus den Kohlblättern für Vögel und andere Fressfeinde ungenießbar sind. Das gilt übrigens auch für die Falter, die das Gift der Raupen in ihrem Körper gespeichert haben. Durch die auffallende weiße Flügelfarbe signalisieren sie zusätzlich, dass sie keinesfalls ein Leckerbissen sind.

FINDEN SIE IHRE ERSTE SCHMETTERLINGSPUPPE

Insbesondere im Winterhalbjahr können Sie dann die Puppen suchen. Sie hängen unter dem Dachüberstand oder in den Fensternischen an der Hauswand. Das ist etwas ganz Besonderes. Denn wer hat schon einmal eine Schmetterlingspuppe im Freien gesehen?
Übrigens: Die Aktion mit den vier Kohlsetzlingen für 1 € ist meine erste Empfehlung für alle, die etwas für Schmetterlinge tun wollen. Viele Kinder in Kindergärten und Schulen haben bereits *ihre* Kohlecke. Sie beobachten jedes Jahr *ihre* Kohlweißlingsraupen und erfreuen sich an den schönen Faltern.

Kleiner Kohlweißling

Der kleine Bruder des Großen Kohlweißlings ist einer der häufigsten Tagfalter. Lernen Sie auch seine drei sehr ähnlichen Verwandten kennen.

M

WEIBCHEN

STECKBRIEF

NAME: *Pieris rapae* (Weißlinge, Pieridae)

GRÖSSE: M

FLUGZEIT: Anfang April bis Oktober in bis zu 4 Generationen

VORKOMMEN: überall in offenem Gelände; vor allem in Gärten und auf Feldern

RAUPEN-NAHRUNGSPFLANZEN: insbesondere Gemüsekohl

DER KLEINE BRUDER

Die Kohlweißlinge gehören zu den bekanntesten Falterarten. Wie der Große Kohlweißling *(Pieris brassicae)* fressen die Raupen des deutlich kleineren Kleinen Kohlweißlings ebenfalls an Kohl. Allerdings legen die Weibchen ihre Eier einzeln ab und verteilen so ihren Eiervorrat auf möglichst vielen Kohlpflanzen. Die gut getarnten grünen Raupen fressen versteckt an den inneren Kohlblättern und

FOTOGRAFENGLÜCK: DIE RAUPE LÄSST EINEN KOTBALLEN FALLEN.

RAUPE

3 TYPISCHE MERKMALE

- deutlich kleiner als der Große Kohlweißling
- Adern auf der Hinterflügel-Unterseite nicht dunkel bestäubt
- Raupen grün, an Kohl

GRÜNADER-WEIßLINGE

sind so schwer zu entdecken. Der Kleine Kohlweißling gehört zu den häufigsten Tagfaltern. Von April bis in den Oktober hinein fliegt er überall in offenem Gelände in bis zu vier Generationen pro Jahr. In Gärten ist der Falter noch oft zu sehen.

DER WILDKOHL-WEISSLING

Leicht verwechselt werden kann der Kleine Kohlweißling mit dem sehr ähnlichen, gleich großen Grünader-Weißling *(Pieris napi)*. Dieser ist an seinen graugrün bestäubten Adern auf der Unterseite der Hinterflügel zu erkennen. Der Grünader-Weißling verschmäht den Kohl im Garten. Als „Wildkohl-Weißling" nutzt er ausschließlich das reiche Angebot der über 150 in Deutschland wachsenden „wilden" Kohlgewächse wie Knoblauchsrauke oder Wiesenschaumkraut. Der Grünader-Weißling fliegt häufig an Waldrändern und in Wäldern. Im Kulturland ist er deutlich seltener als der Kleine Kohlweißling.

NEUBÜRGER KARST-WEISSLING

2008 ist eine neue Art aus der Schweiz nach Deutschland eingewandert: der Karst-Weißling *(Pieris mannii)*. Das war eine Sensation! Vom südlichen Baden-Württemberg aus hat sich der Falter rasant ausgebreitet. Er fehlt derzeit (2020) nur noch in den nördlichen Bundesländern. Wer die im Frühjahr weiß blühende Schleifenblume im Steingarten hat, sollte unbedingt darauf achten, ob Weißlinge hier Eier ablegen. Das ist dann mit Sicherheit der Karst-Weißling, der dem Kleinen Kohlweißling täuschend ähnlichsieht (siehe Foto S. 8).. An meiner Schleifenblume im Garten im Saarland wimmelt es seit 2015 nur so von Raupen …

Wander-Gelbling

Der knallig orangefarbene Wander-Gelbling ist ein superschneller Flieger. Er wandert jedes Jahr von Neuem aus Afrika und Süd-Europa zu uns ein.

DAS POSTHÖRNCHEN

STECKBRIEF

NAME: *Colias crocea* (Weißlinge, Pieridae)

GRÖSSE: M

FLUGZEIT: von Juni bis Oktober in mehreren Generationen

VORKOMMEN: hauptsächlich auf Rotklee- und Luzernefeldern

RAUPEN-NAHRUNGSPFLANZEN: Luzerne, Hopfenklee und andere Schmetterlingsblütler

DAS POSTHÖRNCHEN

Weißlinge heißen Weißlinge, weil sie weiß sind. Doch das ist nur teilweise richtig. Denn zu ihnen zählen ja auch die Gelblinge. Zum Beispiel der herrliche Wander-Gelbling, den man durch seine leuchtenden Flügel schon von Weitem erkennen kann. Sein Artname „*crocea*“ wurde vom Safran *(Crocus!)* abgeleitet – wegen seiner schönen orangegelben Färbung. In älteren Falterbüchern heißt die Art Postillon bzw. Posthörnchen. Die Post war nämlich früher schon gelb.

EINWANDERER AUS AFRIKA

Der heutige deutsche Name „Wander-Gelbling“ beschreibt supergut sowohl die Zugehörigkeit zur Gattung Gelblinge als auch sein Verhalten: Er ist ein Wanderfalter, der jedes Jahr aus dem Süden über die Alpen zu uns einfliegt.

3 TYPISCHE MERKMALE

- leuchtend orangegelb
- Weibchen mit gelben Flecken in der Randbinde
- sehr schneller Flieger

RAUPE

„GOLDENE ACHT" AUF DEN HINTERFLÜGELN

GEWÖHNLICHER GELBLING

In Deutschland kann man ihn am häufigsten im Spätsommer und Frühherbst auf Rotklee- und Luzernefeldern antreffen. Hier jagen die Falter in rasendem Flug umher und saugen Nektar. In unseren Gärten ist der tolle Flieger ein eher seltener Gast.
Der Wander-Gelbling übersteht den Winter bei uns in der Regel nicht. Ab August wandern die Falter teilweise wieder in den Süden zurück.

GEWÖHNLICHER GELBLING = GOLDENE ACHT

In den gleichen Lebensräumen wie der Wander-Gelbling fliegt auch der deutlich häufigere Gewöhnliche Gelbling *(Colias hyale)*. Er ist ebenfalls ein Einwanderer aus dem Süden. Ihn kann man sowohl in Mähwiesen als auch auf Viehweiden antreffen.

Der Gewöhnliche Gelbling ist wesentlich unscheinbarer als der auffallende Wander-Gelbling. Die Flügel der Männchen sind blassgelb, die der Weibchen gelblichweiß gefärbt. Auf der Unterseite der Hinterflügel erkennt man deutlich eine „8", was der Art den früheren Namen „Goldene Acht" einbrachte. Die Raupen leben wie die des Wander-Gelblings an verschiedenen Schmetterlingsblütlern. Am ehesten findet man sie an Weiß-Klee.

Zitronenfalter

Der Zitronenfalter ist der bekannteste und zugleich der einzigartigste aller einheimischen Schmetterlinge.

GELBES MÄNNCHEN (LINKS) UND WEIßES WEIBCHEN

STECKBRIEF

NAME: *Gonepteryx rhamni* (Weißlinge, Pieridae)

GRÖSSE: L

FLUGZEIT: von Juli bis Juni des darauffolgenden Jahres in 1 Generation

VORKOMMEN: an Waldrändern und Waldwegen, auch in Siedlungen. Überall verbreitet und häufig

RAUPEN-NAHRUNGSPFLANZEN: Faulbaum sowie Kreuzdorn

FALTER VOLLER WUNDER

Der Zitronenfalter ist der bekannteste Schmetterling Deutschlands. Aber kaum jemand kennt diese Art wirklich. Dabei ist „unser" Zitronenfalter in vielerlei Hinsicht ein „wunderbarer" Falter, der viele Geheimnisse in sich birgt. Wie der C-Falter überwintert der Zitronenfalter im Freien – zum Beispiel in einem dichten Brombeergestrüpp. Er gefriert dann völlig durch. Eis und Kälte machen ihm jedoch nichts aus. Denn er besitzt im Körper ein Frostschutzmittel – eine raffinierte Mischung aus Wasser, Eiweißen und Salzen.

ZWÖLF MONATE – EINSAMER REKORD

Normalerweise leben Tagfalter nur etwa zwei bis drei Wochen. Der Zitronenfal-

IM FRÜHJAHR SAUGEN DIE FALTER AN WEIDENKÄTZCHEN.

MÄNNCHEN

RAUPE

3 TYPISCHE MERKMALE

- der erste Falter im Jahr
- Männchen leuchtend hellgelb
- Weibchen blassgrün-weiß

DREI EIER

ter bildet eine große Ausnahme. Seine Lebenszeit von zwölf Monaten ist für einen Falter einsamer Rekord! Allerdings fliegt er in seinem Lebensjahr nur die allerwenigste Zeit. Das Leben des Falters besteht aus langen Ruhezeiten, die zuweilen unterbrochen werden, um zu fliegen und die Energiereserven aufzufüllen. Die im Juli schlüpfenden Falter legen ihre Eier erst im April und Mai des nächsten Jahres an die Knospen des Faulbaums ab.

RAUPEN – SUPER GETARNT

Die Raupen sind grün und auf den Blättern gut getarnt. Sie ruhen auf der Mittelrippe des von ihr befressenen Blattes. Wenn Sie einen Faulbaum im Garten pflanzen, werden die Weibchen mit hoher Wahrscheinlichkeit daran Eier ablegen.

NUR DIE MÄNNCHEN SIND GELB

Sicherlich wissen Sie, dass der Schmetterling seinen Namen wegen der zitronengelben Flügel bekommen hat. Aber aufgepasst: Nur die Flügel der Männchen sind gelb. Die Weibchen sind eher unscheinbar – ihre Flügel sind blassgrün bis weiß gefärbt. Wegen ihrer weißen Flügelfarbe werden die Weibchen sogar häufig von männlichen Kohlweißlingen angebalzt. Übrigens: Zitronenfalter können keine Zitronen falten – und sie saugen auch nicht an Zitronen …

Schachbrett

Das schöne Schachbrett ist unverwechselbar. In geeigneten Lebensräumen kann man auch heute noch Tausende Falter fliegen sehen.

SCHACHBRETT

STECKBRIEF

NAME: *Melanargia galathea* (Edelfalter, Nymphalidae)

GRÖSSE: M

FLUGZEIT: Mitte Juni bis Mitte August in 1 Generation

VORKOMMEN: auf trockenen, mageren, blütenreichen Wiesen, Brachen und Waldlichtungen

RAUPEN-NAHRUNGSPFLANZEN: verschiedene Gräser wie Rispengras, Schwingel oder Aufrechte Trespe

AUGENFALTER

Die Flügel des Schachbretts sind schwarz-weiß gemustert. Daher sein Name. Wenn man die Flügel genau betrachtet, entdeckt man auch einige dunkle Augenflecken, die darauf hinweisen, dass die Art zu den Augenfaltern gehört. Die Augenfalter wurden früher als eigene Familie angesehen; heute stellt man sie als Unterfamilie zu den Edelfaltern.

KEINE GLOBULI, SONDERN SCHMETTERLINGSEIER

UNTERSEITE

3 TYPISCHE MERKMALE

- Flügel schachbrettartig schwarz-weiß gemustert
- unverwechselbar
- kleine Augenflecke auf den Hinterflügeln

GLOBULI-EIER

RAUPEN SIND GRASFRESSER

Alle Augenfalter sind Grasfalter. Ihre grünen Raupen ernähren sich, anders als die aller anderen Tagfalter, von verschiedenen Gräsern. Der Vorteil dieser Lebensweise besteht darin, dass Gräser fast überall zur Verfügung stehen. Der Nachteil: Gräser sind viel weniger nahrhaft als Kräuter. Darum dauert die Entwicklungszeit der Grasraupen meist doppelt so lang wie bei den Kräuterfressern. Die Mehrzahl der Grasfalter kann, wie das Schachbrett, deshalb auch nur eine einzige Schmetterlingsgeneration im Jahr hervorbringen.

EIER = GLOBULI

Bei der Eiablage macht es sich das Schachbrett besonders einfach: Die Weibchen lassen ihre kugelrunden, wie Globuli aussehenden, Eier einfach im Flug ins Gras fallen. Nahrung für die Raupen ist ja genügend da.

WOLKEN VON SCHACHBRETTFALTERN

Die Falter sitzen oft auf lilafarbigen Blüten wie Flockenblumen, Skabiosen und Disteln und saugen Nektar. Viele Wiesen werden durch Düngung immer nährstoffreicher – und damit blumenärmer. Deshalb ist der frühere „Allerweltsfalter“ Schachbrett, heute deutlich zurückgegangen. Und damit ist er gerade in Naturgärten mittlerweile eher ein seltener Gast. In den geeigneten Lebensräumen, wie zum Beispiel blütenreichen Trockenrasen, kann man aber im Sommer auch heute noch Tausende (!) von Faltern sehen. Geht man durch solche Wiesen, hat man das Gefühl, als würde man durch eine Wolke von Schmetterlingen schreiten.

Buchsbaumzünsler

Hinter dem gefürchteten Gartenschädling „Buchsbaumzünsler“ verbirgt sich ein wunderschöner Schmetterling. Es gibt ihn erst seit 2006 in Deutschland.

ASIATISCHE FALTER-SCHÖNHEIT

STECKBRIEF

NAME: *Cydalima perspectalis* (Zünsler, Crambidae – Kleinschmetterlinge)

GRÖSSE: M

FLUGZEIT: Juni bis Oktober in 3 Generationen

VORKOMMEN: überall im Siedlungsbereich, wo Buchsbäume wachsen

RAUPEN-NAHRUNGSPFLANZEN: Buchsbaum

EIN WUNDERSCHÖNER FALTER

Es gibt nur wenige Schmetterlinge, über die sich Menschen überhaupt nicht freuen! Aktuell sind das zwei Arten: der Eichen-Prozessionsspinner und der Buchsbaumzünsler. Dabei haben die Wenigsten diese Falter schon einmal gesehen. Vielmehr sind es ihre Raupen, die wir Menschen als Schädlinge verteufeln. Dabei ist der seidig weiß glänzende Buchsbaumzünsler mit seinen

3 TYPISCHE MERKMALE

- Flügel seidig weiß gefärbt, mit braunem Saum
- selten völlig braun – keine Übergänge!
- Raupen gelb-grün-schwarz gestreift, bis zu 5 cm lang

harmonisch geschwungenen Flügeln wirklich wunderschön!

ERST SEIT 2006 IN EUROPA

Um die Jahrtausendwende lebte der Buchsbaumzünsler nur in Ostasien (z. B. Japan und China). Er wurde erst durch den internationalen Handel mit Baumschulware nach Europa eingeschleppt. In Deutschland entdeckte man 2006 die ersten Falter in der Oberrheinebene. Mittlerweile gibt es den Zünsler in ganz Deutschland – als letztes Bundesland kam 2018 Hamburg dazu.

AUSBREITUNG DURCH GARTENCENTER

Man weiß mittlerweile, dass sich der Falter von selbst nur ca. 5 km pro Jahr um die bisherigen Befallsgebiete ausbreitet. Ich kann das bestätigen: Während meine Buchsbaumhecke (und alle anderen in meinem Heimatort) 2019 kahl gefressen waren, zeigten die Hecken in vielen Nachbarorten keinerlei Befall. Die rasante Verbreitung des Kleinschmetterlings in Deutschland ist also nicht auf das Flugvermögen der Falter zurückzuführen, sondern durch die vom Menschen verfrachteten befallenen Raupenfraßpflanzen.

RAUPE

DIE RAUPEN HATTEN MEINE HECKE VOLLSTÄNDIG KAHL GEFRESSEN

... UND DAS ERGEBNIS

GEDULD HABEN ...

Meist wird der Befall einer Buchsbaumhecke erst bemerkt, wenn die Raupen schon ausgewachsen sind. Ich war geduldig und hatte meine völlig kahl gefressene Hecke im Vorgarten (siehe Foto) nicht ausgegraben, sondern sie komplett in 10–15 cm Höhe auf den Stock gesetzt. Schon ein Jahr später hatte sich die Hecke fast vollständig erholt. Die zahlreichen Raupen hatten sich selbst die letzten Blätter weggefressen und sind verhungert. Also: Bei Befall Geduld haben und staunen, wie schnell sich Ihr kahl gefressenes Heckengerippe wieder begrünt.

Noch mehr weiße und gelbe Falter

Auf dieser Doppelseite finden Sie noch mehr weiße und gelbe Falter, die Sie auf Spaziergängen entdecken können. Die meisten Arten sind noch häufig. Bei den oftmals sehr hübschen, kleineren tagaktiven Nachtfaltern müssen Sie allerdings genauer hinschauen, um ihre wahre Schönheit zu erkennen.

Baum-Weißling
Aporia crataegi

L

Früher war der Falter ein gefürchteter Schädling an Obstbäumen. Heute ist dieser Weißling mit dem auffallenden schwarzen Adernetz auf weißen Flügeln selten geworden.

Schmalflügel-Weißling
Leptidea sinapis/juvernica-Komplex

M §

Von diesem zierlichen Weißling gibt es zwei Arten, die auch von den meisten Experten nicht unterschieden werden können. Er fliegt von Mai bis September. Haupt-Raupenpflanze ist der Hornklee.

Klee-Gitterspanner
Chiasmia clathrata

S

Der kleine Spanner mit dem ungewöhnlichen Gittermuster gehört zu den häufigsten tagaktiven Nachtfaltern. Sie können ihn von April bis August auch in Gärten und Siedlungen sehen.

Gelbspanner
Opisthograptis luteolata

S

Der hübsche Gelbspanner ist wegen der leuchtend schwefelgelben Flügelfarbe unverwechselbar. Tagsüber lässt sich der Nachtfalter auch in Gärten leicht aus der Vegetation aufscheuchen.

Pantherspanner

Pseudopanthera macularia

S

Das wunderhübsche gelbe „Pantherchen" ist tagsüber an Waldrändern und Waldwegen einer der auffälligsten Spannerarten. Der tagaktive Spanner fliegt von April bis Juli.

Weißer Schwarzaderspanner

Siona lineata

M

Der vergleichsweise große Weiße Schwarzaderspanner ist ein tagaktiver Nachtfalter. Er besitzt auffallend dunkle Adern und wird oft mit Weißlingen, insbesondere dem Baum-Weißling, verwechselt.

Weiße Winden-Federmotte

Pterophorus pentadactyla

S

Die bizarre schneeweiße Federmotte ist durch ihre federartig aufgespaltenen Flügel unverwechselbar. Der Kleinschmetterling ist im Siedlungsbereich häufig, versteckt sich aber meist unter Blättern.

Pflaumen-Gespinstmotte

Yponomeuta padella

XS

Die Raupen sind tierische Verpackungskünstler. Sie überziehen im Frühjahr Schlehengebüsche mit riesigen Gespinsten und fressen sie völlig kahl. Die sehr kleinen weißen Falterchen fallen kaum auf.

Brennnesselzünsler

Anania hortulata

S

Den schön gezeichneten Kleinschmetterling können Sie tagsüber in Ihrem Garten beobachten – wenn Sie ihm (und seinen Raupen!) eine größere Brennnesselecke reservieren.

Breitflügeliger Fleckleibbär

Spilosoma lubricipeda

M

Der auffallende Bärenspinner fliegt nur nachts. Tagsüber sitzt der häufige Nachtfalter gern an Grashalmen. Freuen Sie sich, wenn Sie ihn in einer Wiese oder in Ihrem Garten entdecken.

Distelfalter

Hellbraune und orange-rote Falter

In dieser Gruppe finden Sie Schmetterlinge mit überwiegend orangerot- und hellbraunen Flügeln, die eher „bunt“ wirken. Also Falter mit warmen, hellen Brauntönen, in die Ocker- und Orangefarben sowie rote oder gelbe Farbtöne eingemischt sind. Solche Schmetterlinge fallen uns Menschen deutlich stärker ins Auge als die dunklen, braunen Falter, die im nächsten Kapitel beschrieben sind.

EDELFALTER

Die hellbraun-orange-roten Tagfalter zählen fast ausnahmslos zur Gruppe der Edelfalter.
Und zwar genau in die große Gruppe der prächtigen Perlmutt- (17 Arten in Deutschland) und Scheckenfalter (11 Arten) sowie die bekannten und insbesondere in Gärten häufigen Nesselfalter (u. a. Kleiner Fuchs, Distelfalter und Tagpfauenauge). Auch einige wenige der in der Regel dunkelbrauen Augenfalter gehören hierzu.

BRAUNE BLÄULINGE UND TAGAKTIVE NACHTFALTER

Die allesamt braunen Weibchen der vielen blauen Bläulingsarten (nur die Männchen sind blau!) werden bei den dunkelbraunen Faltern aufgeführt.
Bei den Nachtfaltern sind fast nur Arten mit auffallenden Brauntönen anzutreffen, die tagsüber im Sonnenschein fliegen – wie einige imposante Spinnerarten und der bekannte „Kolibrischwärmer“, der Taubenschwanz. Die nachts fliegenden Nachtschmetterlinge mit hellen Farben würden tagsüber, wenn sie sich vor Feinden verstecken, in der Umgebung unnötig auffallen.

Kaisermantel

Sie finden den prächtigen Waldschmetterling im Sommer, wenn er an blühenden Brombeeren im lichten Laubwald Nektar saugt.

MÄNNCHEN

STECKBRIEF

NAME: *Argynnis paphia* (Edelfalter, Nymphalidae)

GRÖSSE: L

FLUGZEIT: Mitte Juni bis Anfang September in 1 Generation

VORKOMMEN: Waldlichtungen, Waldwege und Waldränder

RAUPEN-NAHRUNGSPFLANZEN: Veilchenarten

AUFFÄLLIGSTER FALTER IM WALD

Der Kaisermantel ist der größte der 17 heimischen Perlmuttfalter. Im Sommer können Sie den prächtigen Falter noch häufig in lichten Laubwäldern beobachten. Insbesondere die großen, leuchtend ockerbraun gefärbten Männchen sind im Juli die auffälligsten Schmetterlinge im Wald. Sie versetzen auch naturkundlich weniger interessierte Spaziergänger in Erstaunen. Die Falter saugen gern an Waldwegen und auf Lichtungen an blühenden Brombeeren und Disteln. Einzelne Exemplare wandern im Spätsommer regelmäßig in Naturgärten ein und laben sich am Nektar des Schmetterlingsflieders.
Der volkstümliche deutsche Name „Kaisermantel“ bezieht sich auf die herrlich silbrig-grün gefärbte Unterseite der Hinterflügel. Daher stammt auch der alte Name „Silberstrich“.

3 TYPISCHE MERKMALE
- Männchen: Flügeloberseite leuchtend orangebraun
- Weibchen: dunkler
- Hinterflügel: Unterseite grünlich mit silbrig weißen Schrägstreifen

RAUPE KAISERMANTEL

FALTER UND RAUPEN AN BROMBEEREN

BROMBEER-PERLMUTTFALTER

TOLLER BALZTANZ IM FLUG

Kaisermäntel zeigen einen außergewöhnlichen Balztanz. Das Männchen umkreist das Weibchen im Flug fortwährend – während das Weibchen mit gleichmäßigem Flattern ganz geradeaus fliegt. Dabei stimuliert das Männchen seine Auserwählte mit dem Lockstoff aus seinen Duftschuppen. Diese liegen in verdickten Adern auf den Vorderflügeln. Auch die Fortpflanzungsstrategie der Falter ist eigenartig. Das Weibchen legt seine Eier nicht an der Nahrungspflanze der Raupen ab, sondern heftet sie einzeln an die Stämme von Nadelbäumen. Die Raupen schlüpfen noch im Spätsommer. Sie verstecken sich am Stamm, um hier zu überwintern – ohne vorher etwas gefressen zu haben. Erst im März beginnen sie mit der Nahrungsaufnahme an den Veilchen, die in unmittelbarer Nähe des Baums wachsen.

NEU SEIT ETWA 2000 – DER BROMBEER-PERLMUTTFALTER

Um die Jahrtausendwende ist der schöne Brombeer-Perlmuttfalter *(Brenthis daphne)* aus NO-Frankreich nach SW-Deutschland eingewandert. Mittlerweile hat er sich schon in der Oberrheinebene, in Rheinland-Pfalz und im gesamten Saarland ausgebreitet. Den Falter können Sie an den violett übergossenen Hinterflügeln erkennen.

Großer Perlmuttfalter

Der Große Perlmuttfalter besitzt eine der schönsten Unterseitenzeichnungen aller Tagfalter. Die Silberflecken auf den Hinterflügeln leuchten wie Perlmutt.

L V §

UNTERSEITE MIT PERLMUTTFLECKEN

STECKBRIEF

NAME: *Speyeria aglaja* (Edelfalter, Nymphalidae)

GRÖSSE: L

FLUGZEIT: Juni bis August in 1 Generation

VORKOMMEN: bunte, magere Blumenwiesen; v. a. Bergwiesen und Kalkmagerrasen

RAUPEN-NAHRUNGSPFLANZEN: Veilchen

SILBRIGE PERLMUTTFLECKEN

Der Große Perlmuttfalter besitzt eine außergewöhnliche Flügelzeichnung. Um diese zu bestaunen, müssen Sie allerdings die Unterseite der Hinterflügel betrachten. Dann sehen Sie die leuchtenden Silberflecken des Falters, die wie Perlmutt von Muscheln schimmern. Die großen Perlmuttflecken glänzen sogar im Flug silbrig und helfen Experten, fliegende Exemplare sicher zu bestimmen.

DIE SILBRIGEN PERLMUTTFLECKEN SIND AUF DER UNTERSEITE VERBORGEN.

3 TYPISCHE MERKMALE

- Große silbrige Perlmuttflecken auf gelbbraunem Grund
- Art nur auf der Unterseite bestimmbar
- Flügeloberseite ockerbraun

FALTER, OBERSEITE

WANDER-PERLMUTTFALTER

Die Perlmuttflecken haben dieser 17 Arten umfassenden Gruppe der Perlmuttfalter ihren Namen gegeben. Der alte deutsche Ausdruck „Perlmutter“ ist heute nicht mehr gebräuchlich und gibt wegen des Wortstamms „Mutter“ Anlass zu Fehldeutungen. Die Raupen fast aller Perlmuttfalter leben an Veilchen, weshalb man sie auch als „Veilchenfalter“ bezeichnen könnte.

AGLAIA, DIE GLÄNZENDE GRAZIE

Der Artname des Großen Perlmuttfalters stammt von Aglaia, der „Glänzenden“, ab. Sie war eine der drei Grazien, der Göttinnen der Anmut. Aglaia ist auch heute noch als Mädchenname gebräuchlich. Durch die intensive Bewirtschaftung der Wiesen (im Rahmen der industriellen Ausrichtung der Landwirtschaft) ist der herrliche Falter selten geworden. Am ehesten finden Sie ihn noch auf blumenreichen Bergwiesen oder Kalkmagerrasen.

DER KLEINE BRUDER

Deutlich häufiger ist jedoch der „kleine Bruder“ des Großen, der Wander-Perlmuttfalter *(Issoria lathonia)*. Die Art wird auch Kleiner Perlmuttfalter genannt. Sie besitzt ebenfalls leuchtende Perlmuttflecken, ist aber viel kleiner. Der Wander-Perlmuttfalter wandert jährlich aus dem Süden zu uns ein. Die Falter fliegen dann vom Sommer bis in den Frühherbst insbesondere in offenem Gelände (Kulturflächen, Felder, Trockenwiesen) in schnellem Flug umher. Recht häufig saugen sie auch in Gärten am Schmetterlingsflieder. Die Raupen fressen an Acker-Stiefmütterchen.

Admiral

Im Herbst können Sie den herrlichen Admiral häufig in Gärten beobachten. Dann laben sich die Falter in Obstgärten an Fallobst.

TYPISCH, DIE ROTE „ADMIRALSBINDE“

ADMIRAL

STECKBRIEF

NAME: *Vanessa atalanta* (Edelfalter, Nymphalidae)

GRÖSSE: L

FLUGZEIT: Mai bis Oktober in mehreren Generationen

VORKOMMEN: vor allem Waldränder, Obstwiesen und Siedlungen; fast überall häufig

RAUPEN-NAHRUNGSPFLANZEN: Brennnesseln

ROTE ADMIRALSBINDE

Der Admiral ist ein bekannter, schöner Falter. Durch seine rote Binde in den Vorderflügeln, die an eine Admiralsflagge erinnert, ist er unverkennbar. Auf Unterseite der Hinterflügel kann man die düster gezeichnete Zahl „98“ bzw. „89“ erkennen. Vor allem im Herbst, wenn fast alle Falter schon verschwunden sind, können Sie den Admiral auch in Siedlungen und Gärten sehen. Dann taucht er oft zahlreich in Obstgärten auf und labt sich an gärendem Fallobst. Hier teilt er sich mit dem C-Falter, Bienen und Wespen die besten Nahrungsplätze unter den Obstbäumen. Zusätzlich saugt er gerne am Efeu, der in dieser Jahreszeit erst zu blühen beginnt.

UNTERSEITE

3 TYPISCHE MERKMALE

- Vorderflügel samtig schwarzbraun
- unverkennbare rote Admiralsbinde
- Zahl „98" auf Unterseite

RAUPE

ADMIRALE WANDERN EINSAM

Der Admiral gehört zu den typischen Wanderfaltern. Er wandert wie der Distelfalter jedes Jahr aus dem Süden zu uns ein. Während Distelfalter immer in Gruppen fliegen, wandern die Admirale allein. Im Herbst beginnt dann die Rückwanderung des Admirals. Diese kann man überall in Deutschland sehr gut beobachten, wenn einzelne Falter zielstrebig und schnell in Richtung Süden fliegen. Dabei erreichen sie Dauergeschwindigkeiten von etwa 20 km/h. Bei diesen Wanderungen weichen die Admirale Hindernissen wie Häusern oder Baumgruppen nicht aus, sondern überfliegen sie einfach. Es kann dann auch schon einmal passieren, dass die Tiere durch geöffnete Fenster fliegen.

CHARAKTERISTISCHE BLATTTÜTE

Im Gegensatz zum Distelfalter *(Vanessa cardui)* hat es der Admiral seit den 1990er-Jahren geschafft, in Deutschland zu überwintern. In den wärmeren Teilen zählen Admirale mittlerweile wie Zitronenfalter, Fuchs und Tagpfauenauge zu den ersten Frühlingsboten.

Die Raupen des Admirals leben an Brennnesseln. Hier bauen sie sich sich aus einem mit Spinnfäden zusammengerollten Blatt einen charakteristischen Schlupfwinkel. Sie nagen den Blattstiel etwas an, sodass die Blatttüte nach unten baumelt. In dieser Blatttüte findet auch die Verpuppung statt. Die Sturzpuppe ist braun oder grau gefärbt und trägt am Rücken metallisch glänzende Flecken.

Distelfalter

Der Distelfalter ist der bekannteste Wanderfalter in Deutschland. Sie können den überaus hübschen Falter häufig auch in Ihrem Garten beobachten.

DISTELFALTER

STECKBRIEF

NAME: *Vanessa cardui* (Edelfalter, Nymphalidae)

GRÖSSE: L

FLUGZEIT: Mai bis Oktober in mehreren Generationen

VORKOMMEN: überall häufig in offenem, trockenem Gelände; auch in Gärten und Siedlungen

RAUPEN-NAHRUNGSPFLANZEN: Disteln und Brennnesseln sowie viele weitere Pflanzenarten

DER ZUGVOGEL UNTER DEN FALTERN

Der Distelfalter ist *der* Zugvogel unter den Faltern. Und gleichzeitig der bekannteste Wanderfalter in Deutschland. Seine eigentliche Heimat liegt in Afrika nördlich der Sahara. Im Mai und Juni wandern die Falter zu Abertausenden bei uns ein. Dabei bilden sich oft beeindruckende riesige Schwärme aus. Distelfalter können

3 TYPISCHE MERKMALE

- unverkennbar
- Oberseite gelbbraun bis ledergelb
- 5 große Augenflecke auf der Hinterflügel-Unterseite

UNTERSEITE

DIE SCHÖNE DAME ...

RAUPE

sich bei uns ein bis zwei Mal fortpflanzen, ehe der Herbst dem Spuk ein Ende setzt. Ein Teil der Falter wandert dann wieder zurück; die meisten überstehen den Winter bei uns aber nicht und gehen zugrunde. Der Distelfalter ist also streng genommen in Deutschland nicht heimisch, obwohl er sich auch bei uns vermehrt und in jedem Sommer zahlreich in den Gärten auftaucht.

2009: MILLIARDEN VON FALTERN

Im Mai 2009 kam es in ganz Deutschland zu einer Masseneinwanderung von ungeahntem Ausmaß. Überall begegnete man wandernden Faltern – selbst in den Asphaltwüsten der Innenstädte. Schätzungen in Süddeutschland gingen von vielen *Milliarden* Faltern aus. Beobachter verglichen die dabei auftretenden Schwärme mit denen von Wanderheuschrecken. 2010 war der Spuk dann wieder vorbei. Die Distelfalter waren wieder auf den Normalbestand geschrumpft – und in einigen Landesteilen sogar eine echte Rarität.

IN ALLEN ERDTEILEN

Den Distelfalter gibt es fast überall auf der Welt. Er ist *der* Kosmopolit unter den Tagfaltern. Bis auf Süd-Amerika ist er in allen Erdteilen beheimatet. Das ist kein Zufall! Denn der anspruchslose Falter kommt mit fast allen Landschaftstypen zurecht. Seine Raupen fressen an vielen verschiedenen Pflanzen aus völlig unterschiedlichen Familien. Und der Falter ist ein hervorragender Flieger und somit in der Lage, neue Räume zu besiedeln.
Die schöne Art besitzt in anderen Sprachen übrigens wesentlich wohlklingendere Namen wie im Deutschen. In Frankreich, Italien und Spanien nennt man den Schmetterling nicht trivial „Distelfalter", sondern spricht den Falter als „Schöne Dame" (z. B. „La belle dame") an.

Tagpfauenauge

Dieser wunderhübsche Schmetterling ist einer der häufigsten Tagfalter, die es bei uns noch gibt. Sie können ihn noch häufig in Gärten und Parks antreffen.

L

TAGPFAUENAUGE

STECKBRIEF

NAME: *Aglais io* (Edelfalter, Nymphalidae)

GRÖSSE: L

FLUGZEIT: März bis Oktober in 2 Generationen

VORKOMMEN: Wald, Offenland, Siedlungen und Gärten

RAUPEN-NAHRUNGSPFLANZEN: Brennnesseln

WARNUNG UND TARNUNG

Auf der ziegelroten Oberseite der Flügel fallen die großen Augenzeichnungen auf. Diese Augen gleichen denen auf den Schwanzfedern des Pfaus. Daher der Name. Das Tagpfauenauge warnt und tarnt sich mit seinen Flügeln. Im Sitzen klappt es die Flügel zusammen und tarnt sich mit seiner schwarzen Unterseitenfarbe. So ist es insbesondere während der langen Winterruhe auf einem dunklen Speicher oder im Keller fast unsichtbar. Nähert sich ein Vogel oder ein anderer Fressfeind, klappt der Schmetterling seine Flügel auf. Dann werden plötzlich vier riesige Augen sichtbar – der Feind erschrickt. Er wähnt sich Auge in Auge mit einem scheinbar großen Tier und flieht. Der schon Millionen Jahre alte Trick funktioniert bis heute bestens. Auch andere Schmetterlinge mit Augenzeichnungen auf den Flügeln wenden ihn an: zum Beispiel die Nachtfalter Abendpfauenauge *(Smerinthus ocellata)* sowie Kleines und Großes Nachtpfauenauge *(Saturnia pavonia, S. pyri)*.

STACHELIGE RAUPEN

In unserer heutigen Kulturlandschaft leben die Raupen des Tagpfauenauges wie in

3 TYPISCHE MERKMALE

- unverkennbar
- weinrote Flügeloberseite mit vier großen Augenflecken
- Unterseite schwarz

OBEN HUI – UNTEN PFUI.

UNTERSEITE

RAUPE

einem Schlaraffenland: Der Stickstoffzeiger Brennnessel, an denen die Raupen in großen Gruppen leben, wächst überall in Massen. Die Raupen besitzen „Stacheln" und sind deshalb für Vögel ungenießbar. Sie sind vor allem an sonnigen Plätzen leicht zu finden. Wir können die Tagpfauenaugen durch ein Angebot an Brennnesseln zur Fortpflanzung in unsere Gärten locken. Im Sommer erfreuen uns dann die wunderschönen Falter an den vielen Blumen direkt am Haus.

DACHBODEN UND KELLER

Im Herbst suchen die Falter nach geeigneten Verstecken wie Wurzelstöcke, Holzstöße, Höhlen oder Schuppen, in denen sie den Winter verbringen können. Sie tauchen dann auch auf Dachböden oder in Kellerräumen auf. Im zeitigen Frühjahr verlassen die Falter die Winterverstecke wieder. Mit dem Kleinen Fuchs und dem Zitronenfalter gehören sie zu den ersten Schmetterlingen im Jahr.

Kleiner Fuchs

Der allseits bekannte fuchsrot gefärbte Falter gehört zu den häufigsten, bekanntesten und schönsten Gartenschmetterlingen.

M

STECKBRIEF

NAME: *Aglais urticae* (Edelfalter, Nymphalidae)

GRÖSSE: M

FLUGZEIT: März bis Oktober in 2 Generationen

VORKOMMEN: überall in offenen Lebensräumen; häufig in Gärten

RAUPEN-NAHRUNGSPFLANZEN: Brennnesseln

FUCHSROT

Der Fuchs gehört zu den fünf bekanntesten Tagfaltern in Deutschland. Den deutschen Namen bekam er wegen seiner auffallenden fuchsroten Farbe. Der Falter legt seine Eier gerne an Brennnesseln am Rand von Äckern oder Feldwegen ab. Die Raupen bilden hier ähnliche Gemeinschaftsgespinste wie die des Tagpfauenauges und des Landkärtchens. Sie sind ebenfalls bedornt, aber durch ihre gelbe Längsstreifung leicht von den beiden anderen Arten zu unterscheiden. Wie alle Raupen der Nesselfalter werden sie wegen ihres auffälligen Erscheinungsbildes von Singvögeln nicht angerührt. Offenbar besitzen sie durch ihre zahlreichen

3 TYPISCHE MERKMALE

- Oberseite rotbraun
- blaue Fleckenreihe am Außenrand
- Unterseite dunkelbraun

EIGELEGE

JUNGRAUPEN MIT GESPINST

PUPPE

Dornen sowie durch die mit der Nahrung aufgenommenen Inhaltsstoffe einen wirksamen Schutz vor den Fressfeinden.

HÄUFIG IN GÄRTEN

Der schöne Schmetterling ist noch recht zahlreich in blütenreichen Gärten zu Besuch. Im Gegensatz zu vielen anderen Faltern saugen die Füchse sogar gern an fremdländischen Gartenpflanzen Nektar. Wie das verwandte Tagpfauenauge überwintert auch der Kleine Fuchs in Speichern, Kellern oder Schuppen. Schon sehr zeitig im Frühjahr, oft bereits im Februar, besuchen die Falter eifrig die ersten wildwachsenden Frühblüher wie Huflattich, Salweiden und Seidelbast.
In den letzten Jahren ist der Kleine Fuchs seltener geworden. Forscher wissen noch nicht genau warum. Wahrscheinlich hängt es es mit dem verstärkten Spritzen der Felder sowie dem fortlaufenden Mähen und dem Verschwinden naturnaher Wegränder zusammen.

GROSSER FUCHS

Ähnlich wie der Kleine Fuchs, aber nicht nahe mit ihm verwandt, ist der Große Fuchs *(Nymphalis polychloros)*. Er ist deutlich größer und eher hellbraun gefärbt. Auch er überwintert als Falter. Im Frühjahr saugen beide Arten oft zusammen mit dem Zitronenfalter an den „Weidenkätzchen“ der Salweide. Die schöne Waldart ist seit Anfang der 2000er im Frühjahr vielerorts wieder häufiger zu sehen. Ihre Raupen fressen an Laubbäumen.

C-Falter

Von allen Tagfaltern ist der C-Falter der mit den am stärksten eingebuchteten Flügeln. Mit Glück entdecken Sie auch seine tolle Raupe in Ihrem Garten.

UNTERSEITE MIT WEIẞEM „C“

STECKBRIEF

NAME: *Polygonia c-album* (Edelfalter, Nymphalidae)

GRÖSSE: M

FLUGZEIT: März bis Oktober in 2 Generationen

VORKOMMEN: in Wäldern und Obstwiesen häufig; auch in Gärten

RAUPEN-NAHRUNGSPFLANZEN: Brennnessel, Hopfen und andere

GEZACKTE FLÜGEL

Der C-Falter sieht echt bizarr aus. Seine Flügel besitzen nicht wie die der meisten Tagfalter einen glatten Rand, sondern haben richtige Zacken. Der C-Falter ist der Tagfalter mit den am stärksten eingebuchteten Flügeln.

Mit seiner hellbraunen schwarz gefleckten Flügeloberseite sieht der C-Falter aus wie trockenes Laub. Wenn er seine Flügel zusammenklappt, ist er auf Baumstämmen oder im Falllaub überhaupt nicht mehr zu erkennen. Diese supergute Tarnung braucht er auch: Denn er überwintert als Falter draußen im Freien. Seinen Namen hat er von dem markanten „weißen C“ auf der Unterseite der Hinterflügel. So heißt übersetzt auch sein wissenschaftlicher Name „*c-album*“.

Die überwinternden Falter sind schon bei den ersten Sonnenstrahlen zu sehen. Sie

3 TYPISCHE MERKMALE
- unverkennbar
- Flügel stark gezackt
- weißes C auf der Unterseite

BUNTE RAUPE

UNGEWÖHNLICH: DIE STARK GEZACKTEN FLÜGEL DES C-FALTERS.

OBERSEITE

saugen gern an blühenden Weidenkätzchen – oft zusammen mit dem Zitronenfalter. Im Herbst lässt der C-Falter sich in unseren Obstgärten den Saft von gärenden, halb verfaulten Äpfeln schmecken. Er saugt auch gern an Baumsäften sowie Aas und Kot.

BUNTE RAUPE

Die ungewöhnliche Raupe ist bunt und sehr eigenwillig gefärbt. Sie ist orangebraun mit schwarzen Zeichnungen und hat in der hinteren Hälfte einen schneeweißen Rücken. Die Raupe frisst an den unterschiedlichsten Pflanzen: Salweide, Haselnuss, Stachel- und Johannisbeere, Hopfen und Brennnesseln. Viele dieser Pflanzen gibt es auch in Natur- oder Obstgärten. Trotzdem ist die bunte Raupe hier nur schwer zu finden, da sie sich tagsüber an der Unterseite von Blättern versteckt. Die Falter der einzelnen Generationen sehen unterschiedlich aus: Die im Frühsommer geschlüpften Falter besitzen eine ziemlich helle Unterseite und pflanzen sich noch im gleichen Jahr fort. Ihre Nachkommen haben eine dunkelbraune Unterseite und überwintern. Sie zeugen erst im nächsten Jahr Nachkommen.

Landkärtchen

Frühjahrs- und Sommerfalter sehen wie zwei vollkommen unterschiedliche Arten aus. Die schwarzen bedornten Raupen können Sie an Brennnesseln finden.

FALTER DER SOMMERGENERATION

STECKBRIEF

NAME: *Araschnia levana* (Edelfalter, Nymphalidae)

GRÖSSE: M

FLUGZEIT: Mitte April bis August in 2 Generationen

VORKOMMEN: lichte Wälder; auch in Obstwiesen und Gärten

RAUPEN-NAHRUNGSPFLANZEN: Brennnessel

HOCHSTAPLER

Das Landkärtchen ist ein bemerkenswerter Schmetterling. Seinen Namen erhielt es wegen der Unterseite seiner Flügel. Sie ähnelt dem Ausschnitt einer bunten Landkarte – sie ist ein „Landkärtchen". Mit Fug und Recht kann man das Landkärtchen als „Hochstapler" bezeichnen. Es ist der einzige Tagfalter, der seine Eier nicht einzeln oder in Gruppen nebeneinander ablegt, sondern sie im 6er- bis 12er-Pack in grazilen Türmchen aufstapelt.

DIE UNTERSEITE GLEICHT EINER KLEINEN LANDKARTE.

UNTERSEITE SOMMERGENERATION

3 TYPISCHE MERKMALE

- Zwei völlig unterschiedlich aussehende Generationen
- Frühjahrsgeneration braunorange
- Sommergeneration mit schwarzer Grundfärbung

OBERSEITE FRÜHJAHRSGENERATION

ZWEI GETRENNTE ARTEN?

Das Erstaunlichste an dieser Art ist aber das komplett unterschiedliche Erscheinungsbild der beiden Faltergenerationen. Die Frühjahrsfalter sind hell und sehen völlig anders aus als die dunkel gezeichneten Landkärtchen, die im Juli schlüpfen. Die Unterschiede sind so groß, dass der schwedische Naturforscher Linné sie 1758 sogar als zwei getrennte Arten beschrieben hat. Erst 100 Jahre später erkannte man, dass es sich lediglich um zwei verschiedene Erscheinungsformen einer Art handelt. Versuche im Labor haben ergeben, dass die starken Abweichungen in Farbe und Muster bereits im Puppenstadium durch die Temperatur und die Länge des Tageslichts ausgelöst werden. Im Experiment lassen sich durch Variation der verschiedenen Faktoren zahlreiche Zwischenformen erzeugen, die auch in der Natur gelegentlich vorkommen. Man bezeichnet dieses Phänomen als Saison-Dimorphismus.

BEDORNTE RAUPEN

Die Sommergeneration besitzt eine schwarze Grundfärbung mit weißer Binde und roten Fleckenreihen vor den Flügelrändern. Sie wird häufiger mit dem ebenfalls im Wald fliegenden Kleinen Eisvogel *(Limenitis camilla)* verwechselt. Der ist aber deutlich größer und wesentlich seltener. Seine Raupen leben an Geißblattarten.

Die Raupen des Landkärtchens sind schwarz und voller Dornen. Sie ähneln denen des Tagpfauenauges, haben aber bedornte Kopfkapseln. Die Raupen beider „Nesselfalterarten" fressen an Brennnesseln; die des Landkärtchens leben nur an schattigen Stellen.

Trauermantel

Der Trauermantel ist eine ungemein prächtige Art. Durch den Klimawandel ist er vor allem im Westen des Landes selten geworden.

XL V § ☹ 🦋

TRAUERMANTEL

STECKBRIEF

NAME: *Nymphalis antiopa* (Edelfalter, Nymphalidae)

GRÖSSE: XL

FLUGZEIT: Juli bis Juni in 1 Generation

VORKOMMEN: lichte Laubwälder und Waldränder

RAUPEN-NAHRUNGSPFLANZEN: Weiden und Birken

TRAUERTRACHT

Der Trauermantel ist einer unserer prächtigsten, markantesten und größten heimischen Tagfalter. Der deutsche Name „Trauermantel" spiegelt sein Aussehen wider. Im 17. und 18. Jahrhundert waren an der schwarzen Trauertracht helle Stoffbinden an den Ärmeln befestigt. Der Trauermantel erinnerte die Menschen durch seine auffallenden, breiten hellen Ränder der Flügel an diese Kleidung. Das hat ihm seinen heute eigentümlich wirkenden Namen eingebracht.

KLIMAVERLIERER

Der Trauermantel ist ein eindeutiger Verlierer des Klimawandels. Früher war er „volkstümlich" und allgemein bekannt. Heute ist er in vielen Gebieten selten geworden bzw. verschwunden. Die durch die Atlantisierung des Klimas bedingten, immer milderen Winter setzen dem Falter stark zu. Deshalb ist er aus vielen Gebieten im Westen Deutschlands verschwunden, während er in Ostdeutschland sowie im Bergland (mit kontinental getöntem, rauerem Klima) durchaus noch häufiger angetroffen werden kann.
Der Trauermantel fliegt vorwiegend in lichten feuchten Laubwäldern, tritt aber auch in den Obstwiesen der Siedlungsräume auf. Er überwintert im Freien, beispielsweise in Astlöchern und Mauerspalten. Am ehesten kann man den Falter

JEDE BEOBACHTUNG DES TRAUERMANTELS IST FÜR MICH EIN HIGHLIGHT!

3 TYPISCHE MERKMALE

- unverwechselbar
- Oberseite dunkel braunviolett
- Flügel mit breitem gelbem Saum

RAUPE

UNTERSEITE

nach der Überwinterung von März bis Mai sehen. Dann saugt er (wie der Große Fuchs) gerne an Weidenkätzchen und blutenden Baumstämmen, insbesondere von Birken. Während der Überwinterung bleicht die gelbe Randbinde stark aus - die Binde der Falter ist im Frühjahr weiß geworden.
Die Weibchen legen ihre etwa 100-200 Eier in Gelegen in einem markanten (nicht geschlossenen) Ring an dünnen Zweigen ab. Die Raupen sind schwarz mit charakteristischen rotorangenen Flecken. Sie leben gesellig an Weiden und Birken. Die wenigen Begegnungen in Deutschland mit der großartigen Art zählen zu meinen absoluten persönlichen Highlights!

Gewöhnlicher Scheckenfalter

Der Scheckenfalter lebt 10 $^{1}/_{2}$ Monate des Jahres als Raupe. Sie können die hübsche Art noch in bunten Trockenrasen und Magerwiesen entdecken.

M RL3

PAARUNG

STECKBRIEF

NAME: *Melitaea cinxia* (Edelfalter, Nymphalidae)

GRÖSSE: M

FLUGZEIT: Mai und Juni in 1 Generation

VORKOMMEN: trockene Magerwiesen und Trockenrasen

RAUPEN-NAHRUNGSPFLANZEN: vor allem Spitz-Wegerich und andere Wegericharten

DER GEMEINE …

In Deutschland gibt es 11 verschiedene Scheckenfalter-Arten. Scheckenfalter sind kleine bis mittelgroße, recht einheitlich ocker- bis orangebraun gefärbte Schmetterlinge. Viele Arten sind recht selten und zudem auch schwer zu bestimmen.
Am ehesten kann man noch den Gewöhnlichen Scheckenfalter sehen. Der ist an der charakteristischen, sehr hübsch gefärbten

3 TYPISCHE MERKMALE

- Flügeloberseite gelbbraun bis orangebraun
- Hinterflügel-Oberseite mit 4 schwarzen Punkten
- Hinterflügel-Unterseite mit schwarzen Punkten in orangenfarbiger Binde

GESELLIGE RAUPEN

SCHECKENFALTER SIND SCHÖN, ABER SCHWER ZU BESTIMMEN.

FALTER-OBERSEITE

Unterseite der Hinterflügel zweifelsfrei zu erkennen.
Sein alter Name „Gemeiner Scheckenfalter“ drückt aus, dass die Art zumindest früher allgemein (also überall) verbreitet war. Heute ist der Falter leider in ganz Deutschland deutlich seltener geworden. Am ehesten begegnet man ihm auf sonnigen, mageren, trockenen Wiesen und Brachen. Die wärmeliebenden Falter sonnen sich gern an offenen Bodenstellen.
Sie sitzen häufig auf ungeteerten Feldwegen.

10 $^1/_2$ MONATE ALS RAUPE

Die allermeiste Zeit lebt der Scheckenfalter als Raupe. Und zwar rund 10 $^1/_2$ Monate lang!
Die Weibchen legen ihre über 100 Eier meist an die Unterseite von Blättern des Spitz-Wegerichs ab. Sie verteilen sie aber nicht einzeln auf viele Pflanzen – so wie es fast alle Tagfalter machen. Vielmehr „setzen sie alles auf eine Karte“ und kleben ihren gesamten Eivorrat in einem „Gelege“ (Experten nennen das „Eispiegel“) an ein einziges Blatt.

Die im Juni schlüpfenden Raupen fressen bis April des darauffolgenden Jahres vor allem an Wegericharten aber auch an Ehrenpreis. Als junge Raupen leben sie gesellig in einem gemeinsamen Gespinst. Darin überwintern sie. Die schwarzen, bedornten Raupen kann man gut an ihrem roten Kopf von denen der anderen Scheckenfalter unterscheiden. Die Verpuppung der Raupen erfolgt oft schon im April, meist aber im Mai in Bodennähe in einem lockeren Gespinst.

Mauerfuchs

Freuen Sie sich, wenn Sie diesen Schmetterling in Ihrem Garten entdecken. Vielleicht finden Sie sogar seine grünen Raupen am Rand einer Trockenmauer.

MAUERFUCHS

STECKBRIEF

NAME: *Lasiommata megera* (Edelfalter, Nymphalidae)

GRÖSSE: M

FLUGZEIT: Mitte April bis September in 2–3 Generationen

VORKOMMEN: an warmen strukturenreichen Stellen mit Steinen

RAUPEN-NAHRUNGSPFLANZEN: Gräser

NUR IM REGENSCHATTEN

Der Mauerfuchs macht seinem Namen alle Ehre. Er fliegt überall dort, wo es Steine, Mauern oder Felsen gibt. Also auch in Gärten mit Natursteinmauern. Die Weibchen heften ihre Eier einzeln an trockene Blätter und Halme von verschiedensten Gräsern. Aber nur an solchen Stellen, wo das Gras vor Regen geschützt ist. Das können Felsen oder Mauern sein. Aber auch ein Holzstapel, eine Treppe oder ein einzelnstehender Baum, ja sogar eine Ruhebank, bieten den Raupen den erforderlichen Regenschutz. Auf dem Gras sind die grünen Raupen hervorragend getarnt – und für Menschen und Feinde praktisch unsichtbar. Man findet sie nur, wenn man die im Regenschatten wachsenden Grasblätter systematisch nach ihren Fraßspuren absucht.

3 TYPISCHE MERKMALE

- Flügeloberseite orangebraun
- Vorderflügel und Hinterflügel mit Augenflecken
- Unterseite des Hinterflügels grau marmoriert, mit 7 Augenflecken

DIE TROCKENMAUER IN MEINEM GARTEN DIENT BEIDEN ARTEN ALS EIABLAGEPLATZ.

BRAUNAUGE

LEBENSRAUM TROCKENMAUER

AUGENFALTER

Mauerfüchse besitzen auf der Ober- und Unterseite „Augen". Gleich sieben befinden sich auf der grau marmorierten Unterseite der Hinterflügel, mit der sich die Falter tarnen. Wenn sich Mauerfüchse mit geschlossenen Flügeln an Felsen oder Erdabbrüche setzen, sind sie dort durch die Zeichnung ihrer Unterseite nahezu unsichtbar. Die Falter fliegen an warmen offenen Stellen jährlich in zwei bis drei Generationen. Zum Beispiel findet man sie in Weinbaugebieten mit vielen Weinbergsmauern, an alten Burgruinen, in Sandgruben und Steinbrüchen und an felsigen Stellen im Gebirge. In Naturgärten können wir der Art mit unverfugten Trockenmauern, Holzstapeln, einem Gartenhäuschen und anderen Regenschatten gewährenden Requisiten durchaus einen geeigneten Lebensraum bieten.

In der südlichen Hälfte von Deutschland kommt ebenfalls das sehr ähnliche, etwas größere Braunauge *(Lasiommata maera)* vor. Diese Art hat in etwa die gleichen Ansprüche an den Lebensraum wie der Mauerfuchs. Vor allem in Südwestdeutschland tritt das Braunauge zunehmend auch im Siedlungsgebiet auf. In Naturgärten können hier beide Arten gleichzeitig fliegen.

Großes Ochsenauge

Das Große Ochsenauge ist unser häufigster Wiesenfalter. Es ist auch in den Ortschaften und in nicht zu stark gepflegten Gärten noch fast überall zu sehen.

M

WEIBCHEN

STECKBRIEF

NAME: *Maniola jurtina* (Edelfalter, Nymphalidae)

GRÖSSE: M

FLUGZEIT: Juni bis Anfang September in 1 Generation

VORKOMMEN: Wiesen aller Art; auch in Gärten

RAUPEN-NAHRUNGSPFLANZEN: verschiedene Grasarten

EINER DER HÄUFIGSTEN TAGFALTER

Kennen Sie das Große Ochsenauge? Nein? Das ist eigentlich etwas verwunderlich. Denn diese Art gehört zu den am weitesten verbreiteten und häufigsten Faltern in Deutschland. Das Ochsenauge ist noch auf fast allen Wiesentypen anzutreffen. Insbesondere auf bunten mageren Blumenwiesen fliegt es oft noch in großer Zahl. Hier sind 1.000 Falter keine Seltenheit.

DREI MONATE FLUGZEIT

Ochsenaugen bevölkern unsere Wiesen im Sommer rund drei Monate – kaum eine Art besitzt bei nur einer einzigen Generation im Jahr so eine lange Flugzeit. Insbesondere die Weibchen sind mit ihrem weiß gekernten schwarzen Auge auf der warm braunorangenen Binde der Vorderflügel durchaus ansehnlich. Sie bevorzugen für ihre Eiablage Wiesen, die erst vor kurzem gemäht wurden. Ihre Eier legen sie einzeln an Grasblätter nachwachsender Sprosse.
Die Art kommt also ganz gut mit der heutigen intensiveren Wiesennutzung zurecht. Kein Wunder: Die grünen Raupen sind wie fast alle Augenfalter Grasfresser, die sich von fast allen Grasarten ernähren können. Da die Gräser viel weniger nahrhaft als Kräuter sind, brauchen die

3 TYPISCHE MERKMALE

- Männchen: Oberseite dunkelbraun mit Augenfleck
- Weibchen mit braunorangener Binde auf den Vorderflügeln
- Unterseite der Vorderflügel orange mit Augenfleck

WEIBCHEN, OBERSEITE

HINREISSEND: DIE „TREUHERZIG BLICKENDEN AUGEN“ ...

ROTBRAUNES OCHSENAUGE, MÄNNCHEN

Raupen jedoch sehr lange für ihre Entwicklung – insgesamt rund zehn Monate. Wie viele andere „Grasfalter“ kann das Ochsenauge deshalb auch nur eine einzige Schmetterlingsgeneration im Jahr hervorbringen. Die Raupen überwintern und verpuppen sich erst im Mai des darauffolgenden Jahres.

LIEBLINGSFALTER: ROTBRAUNES OCHSENAUGE

Das Rotbraune Ochsenauge *(Pyronia tithonus)* ist die kleinere, buntere Ausgabe des „großen Bruders“. Dieses mittelgroße Ochsenauge ist vornehmlich im Südwesten und Westen Deutschlands beheimatet. Vor allem in Südwestdeutschland gibt es Massenvorkommen in Siedlungsbereichen und Gärten. Das Rotbraune Ochsenauge gehört zu meinen Lieblingsfaltern. Wenn das hübsche Falterchen in meinem Garten vor mir sitzt und mich mit seinen Augen auf den Flügeln „treuherzig“ anschaut, bin ich schlichtweg hingerissen.

Gewöhnliches Wiesenvögelchen

Suchen Sie rund um Ihren Wohnort nach dem häufigen, recht unscheinbaren kleinen Falterchen. Vielleicht entdecken Sie es sogar in Ihrem Naturgarten.

S ★ § ✿ ☺ 🦋

GEWÖHNLICHES WIESENVÖGELCHEN

STECKBRIEF

NAME: *Coenonympha pamphilus* (Edelfalter, Nymphalidae)

GRÖSSE: S

FLUGZEIT: April bis Oktober in 3 Generationen

VORKOMMEN: Wiesen aller Art, sogar auf Viehweiden.

RAUPEN-NAHRUNGSPFLANZEN: verschiedene Gräser

UNSCHEINBARE FALTERCHEN

In Deutschland gibt es sieben Wiesenvögelchenarten – allesamt eher unscheinbare, kleine braune Falterchen. Fast alle diese Arten stellen hohe Ansprüche an ihren Lebensraum. Sie fliegen beispielsweise nur in Mooren, lichten Wäldern oder Magerrasen – und sind daher selten geworden. Nur das Gewöhnliche Wiesenvögelchen ist anspruchslos und tritt als einzige dieser Arten fast überall noch ziemlich häufig auf. Es wird aber als kleiner und eher unscheinbarer Falter oft übersehen. Dabei kommt es überall in offenem, grasigem Gelände vor. Und auch in Gärten und Siedlungen kann man die kleinen Falter noch recht oft antreffen. In vielen Büchern ist das Wiesenvögelchen noch unter dem alten Namen „Kleiner“ oder „Gemeiner Heufalter“ bzw. „Heuvogel“ aufgeführt. Der Name kommt daher, weil man die Falter früher zuweilen

WIE DIE NADEL IM HEUHAUFEN: DIE EIER

EIER AN GRAS

3 TYPISCHE MERKMALE

- Kleiner Augenfalter
- Flügeloberseite ocker
- Vorderflügel-Unterseite mit deutlichem Augenfleck

WEISSBINDIGES WIESENVÖGELCHEN

massenhaft auf Heuböden umherfliegen sah. Meist wurden sie als Puppen mit dem (noch mit der Sense!) frisch gemähten Gras dorthin gebracht.

DREI GENERATIONEN

Das Wiesenvögelchen fliegt von April bis Oktober in drei Generationen. Die Weibchen heften ihre Eier in Bodennähe meist einzeln an dürre Grasblätter oder trockene Grasrispen. Daraus schlüpfen hellgrüne Raupen, die sich von verschiedenen Süßgräsern wie Schwingel oder Rispengras ernähren. Die Art überwintert als Raupe.

WEISSBINDIGES WIESENVÖGELCHEN

Die zweithäufigste Art dieser Gattung ist das Weißbindige Wiesenvögelchen *(Coenonympha arcania)*. Es wird auch Perlgrasfalter genannt. Die Art ist noch relativ weit verbreitet, aber viel seltener als das Gewöhnliche Wiesenvögelchen. Die Falter fliegen insbesondere an sonnigen Waldrändern, in lichten Wäldern und auf verbuschten Trockenrasen – in Gärten sucht man die deutlich anspruchsvollere Art meist vergebens.

Die namensgebende Unterseite der Hinterflügel ist wunderschön. Am Außenrand der leuchtend weißen Querbinde liegen vier bis fünf weiß gekernte, gelb und schwarz umringte Augenflecken. Diese werden von einer gebogenen silberfarbenen Randlinie begrenzt.

Nagelfleck

Wenn die schönen ockergelben Männchen in wilden Flügen durch die frisch begrünten Buchenwälder sausen, ist der Frühling so richtig da.

L ★ § ☹

MÄNNCHEN MIT RADARANTENNEN

STECKBRIEF

NAME: *Aglia tau* (Pfauenspinner, Saturniidae)

GRÖSSE: L

FLUGZEIT: April bis Anfang Juni in 1 Generation

VORKOMMEN: in Buchenwäldern, häufig

RAUPEN-NAHRUNGSPFLANZEN: vor allem Rot-Buche

„DANN MAL TAU“!

Der Nagelfleck ist ein prächtiger Nachtfalter aus der Familie der Pfauenspinner. Die Männchen sind rein tagaktiv, die Weibchen fliegen nachts. Ihren Namen hat die Nachtfalterart wegen eines schwarzen, blau gekernten Augenflecks, der in der Mitte eine weiße, nagel- oder T-förmige Zeichnung trägt. Das hat ihr auch den wissenschaftlichen Namen eingebracht (griechischer Buchstabe „Tau“).

PRÄCHTIG KASTANIENBRAUN: DIE MÄNNCHEN DES EICHENSPINNERS

3 TYPISCHE MERKMALE

- Männchen ockergelb
- Flügel mit schwarzem Augenfleck
- Fühler der Männchen stark gekämmt („Radarantenne")

EICHENSPINNER-MÄNNCHEN

EICHENSPINNER-WEIBCHEN

SCHÖNE BUCHENWALDART

Der Nagelfleck gehört für mich zu den schönsten Frühlingsboten im Buchenwald. Schon im April sausen die ockergelben Männchen tagsüber im Sonnenschein durch die frisch begrünten Buchenwälder. In zielgerichtetem Zickzackflug fliegen sie dicht über dem Boden und suchen nach paarungswilligen Weibchen. Diese senden Duftstoffe aus, welche die Männchen mit ihren stark gekämmten Fühlern, die an Radarantennen erinnern, orten. In Schmetterlingsforen tauchen im Mai immer wieder Meldungen von dem ebenfalls ockergelben Kaisermantel *(Argynnis paphia)* auf. Das sind allesamt Verwechslungen mit dem Nagelfleck, denn der Kaisermantel fliegt normalerweise erst ab Mitte Juni. Die grünen Raupen des Nagelflecks fressen hauptsächlich an Rotbuchen.

IM SOMMER: PRÄCHTIGE EICHENSPINNER

Von Mitte Juni bis Mitte August kann man tagsüber eine weitere prächtige Spinnerart beobachten: den Eichenspinner *(Lasiocampa quercus)* aus der Nachtfalterfamilie der Glucken. Auch bei dieser Art fliegen die Männchen ausschließlich tagsüber bei Sonnenschein in wilden Flügen auf der Suche nach Weibchen umher. Die viel helleren, ockergelben Weibchen sind rein nachtaktiv. Das dunkel kastanienbraune Männchen des Eichenspinners gehört zu den schönsten und auffallendsten Arten. Leider kann man die wild umherfliegenden Falter selten einmal in Ruhe beobachten. Am ehesten sieht man sie in lichten Laubwäldern, Brachen, Gebüschbeständen und Heiden. Die behaarten Raupen fressen vorwiegend an verschiedenen strauchigen Pflanzen – kaum dagegen an den namensgebenden Eichen.

Kleines Nachtpfauenauge

Die Raupen dieser prächtigen Schmetterlingsart findet man im Mai und Juni an kniehohen Sträuchern in Trockenrasen und Heiden.

WIE EIN SECHSER IM LOTTO: EINE FREILANDPAARUNG

PAARUNG, WEIBCHEN OBEN

STECKBRIEF

NAME: *Saturnia pavonia* (Pfauenspinner, Saturniidae)

GRÖSSE: XL

FLUGZEIT: Mitte März – Mitte Mai in 1 Generation

VORKOMMEN: insbesondere auf Heiden und Trockenrasen

RAUPEN-NAHRUNGSPFLANZEN: Schlehe, Heidekraut und andere niedrige Sträucher

RIESIGE PFAUENSPINNER

Das Nachtpfauenauge zählt zur Familie der Pfauenspinner mit weltweit etwa 1500 Arten. Zu dieser Nachtfalterfamilie gehören riesige, ungemein prächtige Falter mit Flügelspannweiten von über 25 cm. Auch die imposanten Raupen sind oft wunderschön.

FÜHLER ALS PEILSENDER

Die tolle Nachtfalterart gehört zu meinen Lieblingsschmetterlingen, die ich schon sehr oft gezüchtet habe. Auffällig sind insbesondere die prächtigen Augenflecken auf den Vorder- und Hinterflügeln. Die haben der Familie ihren Namen eingebracht. Die wunderschönen „Augen" sind golden umrandet und mit silbrigen „Lidern" geschmückt. Die „Augen" dienen dazu, Fressfeinde abzuschrecken.

3 TYPISCHE MERKMALE

- Männchen braun, deutlich kleiner als das Weibchen
- Weibchen grau
- auf jedem Flügel ein großer Augenfleck

EIGELEGE

ERWACHSENE RAUPE

RAUPE VOM GROSSEN NACHTPFAUENAUGE

Die Männchen fliegen tagsüber auf der Suche nach Weibchen in wilden Zickzackflügen über offenes Gelände. Die Weibchen sind nur nachts unterwegs. Sie entsenden einen arteigenen Lockstoff, der die Männchen noch aus mehreren Kilometern Entfernung geradezu magisch anzieht. Die Männchen orten die Weibchen mit ihren an Radarantennen erinnernden gekämmten Fühlern. Diese funktionieren wie Peilsender. Kurz nach der Paarung legt das Weibchen seine ovalen grauen Eier um dünne Zweige der Nahrungspflanze – oft Krüppel-Schlehen oder Heidekraut. Die Raupen sind anfangs schwarz, später grün. Zur Verpuppung spinnen sie sich einen festen, ovalen Kokon. Dieser besitzt am oberen Pol eine kreisrunde Öffnung und darin eine Reuse aus starren Borsten. Hierdurch wird ein Eindringen möglicher Feinde verhindert. Die Puppen überwintern.
In meinem KOSMOS-Bestimmungsbuch „Tagaktive Nachtfalter“ habe ich meine tollen Erlebnisse bei der Eier- und Raupensuche ausführlich geschildert.

GRÖSSTER SCHMETTERLING EUROPAS

Der große Bruder des Kleinen Nachtpfauenauges ist das prächtige Große oder Wiener Nachtpfauenauge *(Saturnia pyri)*. Es gilt mit 14 cm als größter Schmetterling Europas. Die ausschließlich nachtaktiven Falter sind in Deutschland extrem selten.

Taubenschwänzchen

Die „Kolibrischwärmer“ sehen aus wie kleine Düsenjets. Bestimmt haben Sie ihn schon einmal in Ihrem Garten oder auf Ihrem Balkon in Aktion gesehen.

DER „KOLIBRISCHWÄRMER“

STECKBRIEF

NAME: *Macroglossum stellatarum* (Schwärmer, Sphingidae)

GRÖSSE: M

FLUGZEIT: Mai bis Oktober

VORKOMMEN: überall an sonnigen, trockenen Orten; häufig auch in Gärten

RAUPEN-NAHRUNGSPFLANZEN: Labkrautarten

KOLIBRISCHWÄRMER

Das Taubenschwänzchen ist der wohl auffallendste und bekannteste tagaktive Nachtfalter. Mit ihren stromlinienförmigen Flügeln sehen die Falter aus wie kleine Düsenjets. Beim Nektarsaugen stehen die Schwärmer im Schwirrflug vor den Blüten und saugen mit ihrem langen Saugrüssel Nektar. Wegen dieses auffälligen Flugverhaltens, das dem eines Kolibris ähnelt, wird die Art im Volksmund auch „Kolibrischwärmer“ genannt. Immer wieder gibt es Berichte und Fotos in Zeitungen, die diesen „Kolibri“ in Aktion zeigen.

VON NORDAFRIKA BIS ISLAND

Die Taubenschwänzchen wandern alljährlich aus Südeuropa und Nordafrika ein, um sich bei uns fortzupflanzen. Mit ihren kräftigen Flügeln legen sie dabei

3 TYPISCHE MERKMALE

- kolibriartiger Schwirrflug
- „steht“ beim Saugen vor der Blüte
- Hinterleib mit schwarzem Haarpinsel

RAUPE

EIN PERFEKTER UNTERGRUND FÜR EIN „FALTERSUCHBILD“

GUT GETARNTER FALTER

große Distanzen zurück. Sie können bis zu 3 000 km in weniger als 14 Tagen bewältigen. Auf ihren Wanderflügen dringen die Falter im Sommer bis in den hohen Norden Europas, sogar bis nach Island, vor. In warmen Sommern werden die Schwärmer dann überall an Balkonkästen und an Sommerflieder beobachtet – sogar in großen naturfernen Städten. Laien verwechseln sie dann oft mit Kolibris.

ÜBER 1000 BLÜTENBESUCHE PRO TAG

Bei Untersuchungen der Schlagfrequenz der Flügel wurden etwa 80 Schläge pro Sekunde (!) gemessen. Wegen dieses aufwändigen Flugverhaltens haben die Taubenschwänzchen einen enorm hohen Energiebedarf. Die Falter müssen deshalb weit über 1.000 Blüten pro Tag anfliegen. Vielen Menschen ist das Taubenschwänzchen vertraut. Was die meisten jedoch nicht wissen: Das Taubenschwänzchen ist kein Tagfalter. Vielmehr gehört es zur Familie der Schwärmer – ist also ein Nachtfalter. Allerdings fliegt es fast ausschließlich tagsüber im Sonnenschein. Das machen übrigens rund 10 Prozent aller heimischen Nachtfalterarten genauso. Seinen Namen hat das Taubenschwänzchen von dem schwarzen Haarpinsel am Hinterleib, der an die Schwanzfedern von Tauben erinnert.

Hummelschwärmer

Wenn Sie einen Garten mit Geißblatt und Schmetterlingsflieder besitzen, haben Sie gute Chancen, die Flugkünste dieses tollen Falters zu bewundern.

STECKBRIEF

NAME: *Hemaris fuciformis* (Schwärmer, Sphingidae)

GRÖSSE: M

FLUGZEIT: Mai bis Anfang August in 2 Generationen

VORKOMMEN: Lichte Wälder und Waldränder; regelmäßig auch in Parkanlagen und Gärten

RAUPEN-NAHRUNGSPFLANZEN: Geißblatt

HUMMEL, HUMMEL

Den Hummelschwärmer kann man leicht mit einer Hummel verwechseln. Durch seine Körperform und die pelzige Behaarung sieht er diesem Insekt zum Verwechseln ähnlich. Er ahmt eine Hummel nach, um „gefährlich" auszusehen und nicht gefressen zu werden. Gemeinsam mit dem Taubenschwänzchen kann man ihn im Garten am Sommerflieder sehen. Der außergewöhnliche Schmetterling

3 TYPISCHE MERKMALE

- hummelartig behaarter Körper
- durchsichtige Flügel
- kolibriartiger Schwirrflug

SKABIOSENSCHWÄRMER-PAARUNG

KEINE ANGST – DER HORNISSEN-GLASFLÜGLER STICHT NICHT!

HORNISSEN-GLASFLÜGLER

ist kein Tagfalter, sondern wie das mit ihm verwandte Taubenschwänzchen ein Nachtfalter aus der Familie der Schwärmer, der ausschließlich tagsüber im Sonnenschein fliegt.
Auch der Hummelschwärmer ist ein exzellenter Flieger. Er setzt sich zur Nahrungsaufnahme niemals nieder, sondern versenkt im Schwirrflug seinen langen Rüssel in die Blütenkelche.
Der Falter schlüpft zunächst mit fast vollständig beschuppten Flügeln aus der Puppe. Er verliert den größten Teil der Schuppen jedoch gleich beim ersten Flug. Dann werden die Flügel durchsichtig.
Seine leuchtend hellgrünen Raupen leben an Geißblatt (*Lonicera*-Arten). Mit dem Anpflanzen eines solchen Strauches kann man versuchen, die Art dauerhaft in den Garten zu locken. Der sehr ähnliche Skabiosenschwärmer *(Hemaris tityus)* hat ebenfalls durchsichtige Flügel. Er ist etwas kleiner, deutlich seltener und trägt auf dem Hinterleib eine breite schwarze Binde. In Gärten taucht er nur sehr selten auf.

„HORNISSEN-SCHMETTERLING"

Ebenfalls durchsichtige Flügel besitzt der nur sehr schwer zu entdeckende Hornissen-Glasflügler *(Sesia apiformis)*. Er ist der größte Vertreter aus der immerhin 35 Arten zählenden Familie der Glasflügler (Sesiidae). Diese fliegen allesamt tagsüber – werden aber auch von versierten Schmetterlingskundlern nur ganz selten einmal entdeckt. Der hochinteressante Glasflügler erinnert mit seiner Warnfärbung und seinem Verhalten nicht nur potentielle Beutegreifer an Hornissen (Name!). Beim Ergreifen krümmt er meist seinen Hinterleib nach unten und erweckt hierdurch den Eindruck, als wolle er zustechen.

Ockergelber Blattspanner

Suchen Sie den hübschen kleinen Spanner tagsüber gezielt in Ihrem naturnahen Garten. Sie werden mit hoher Wahrscheinlichkeit Erfolg haben.

OCKERGELBER BLATTSPANNER

STECKBRIEF

NAME: *Camptogramma bilineata* (Spanner, Geometridae)

GRÖSSE: S

FLUGZEIT: Ende Mai bis Anfang August in 1 Generation

VORKOMMEN: überall, sehr anspruchslos; auch in Gärten

RAUPEN-NAHRUNGSPFLANZEN: an vielen niedrig wachsenden Pflanzen

ANSPRUCHSLOS UND HÄUFIG

Der Ockergelbe Blattspanner ist eine der häufigsten Nachtfalterarten, die tagsüber fliegen. Der kleine Spanner stellt kaum Ansprüche an den Lebensraum und kann nahezu überall angetroffen werden. Obwohl er fast in jedem naturnahen Garten auftritt, ist das hübsche Spannerchen bei vielen Schmetterlingsfreunden nahezu unbekannt. Seinen wissenschaftlichen Namen „*bilineata*", also „zwei Linien", hat der kleine Falter von seinem Grundmuster auf den ockergelben Flügeln: Diese sind mit weiß und dunkel gewellten Querlinien durchzogen.

Die kleinen Spanner sind tagaktiv; nachts fliegen sie auch ans Licht. Die auffallende Art ist bei Sonnenschein gut in Gärten zu beobachten. Werden sie aufgescheucht, setzen sie sich meist auf die Unterseite von Blättern. Hier sind sie dann bestens getarnt und fast unsichtbar.

DIE MÄNNCHEN HABEN RIESIGE „PUSCHELFÜHLER".

HEIDE-TAGSPANNER, MÄNNCHEN

3 TYPISCHE MERKMALE

- unverwechselbar
- ockergelb
- mit gewellten Querlinien (Name!)

HEIDE-TAGSPANNER IN RUHESTELLUNG

Die grüne Raupe lebt an einer Reihe von niedrig wachsenden, krautigen Pflanzen – beispielsweise Ampfer, Labkraut oder Fingerkraut. Sie ist gut getarnt und daher schwer zu entdecken.

„ATOM-EMMA"

Ebenfalls außerordentlich weit verbreitet und häufig ist eine weitere Spannerart: der Heide-Tagspanner *(Ematurga atomaria)*. Der kleine zierliche Falter wird von Entomologen scherzhaft als „Atom-Emma" bezeichnet. Der Kosename ist eine Zusammensetzung der Anfangsbuchstaben der beiden wissenschaftlichen Namen.
Heide-Tagspanner sind überwiegend tagaktiv und fliegen bei warmem Wetter umher. Sie können von April bis August nahezu überall angetroffen werden; am häufigsten fliegen sie in Heidegebieten und auf Magerrasen. Bei dem kleinen Spanner sind die Geschlechter deutlich verschieden. Die Männchen haben auffallende, doppelt gekämmte Fühler und eine helle gelbbraune Flügelgrundfärbung. Die Fühler der Weibchen sind dagegen fadenförmig; ihre Flügel sind weißlich gefärbt.

Großer Frostspanner

Die hübschen Männchen fliegen im Spätherbst und Winter in kalten Nächten durch Laubwälder. Sie suchen ihre vollkommen flügellosen Weibchen.

MÄNNCHEN

STECKBRIEF

NAME: *Erannis defoliaria* (Spanner, Geometridae)

GRÖSSE: M

FLUGZEIT: Oktober bis Dezember in 1 Generation

VORKOMMEN: überall verbreitet und häufig; auch in Gärten und Dörfern

RAUPEN-NAHRUNGSPFLANZEN: Laubbäume und Sträucher

UNGLEICHE PÄRCHEN

Der Große Frostspanner ist ein entfernter Verwandter des Kleinen Frostspanners *(Operophtera brumata)* auf der Seite 102. Wie dieser besitzt er zwei fast unglaubliche Besonderheiten. Die Falter fliegen erst dann, wenn sich die „normalen“ Schmetterlinge bereits verabschiedet haben: von Mitte Oktober bis Ende Dezember. Und das sogar bei Frost.

3 TYPISCHE MERKMALE

- Männchen sehr variabel gefärbt
- meist hellbraun mit 2 dunklen Querbinden
- Weibchen völlig flügellos; Körper weißlich gelb mit schwarzen Punkten

UNFASSBAR: DIESE DREI FALTER GEHÖREN ZUR GLEICHEN ART.

ZWEI MÄNNCHEN UND EIN WEIBCHEN

TYPISCHE SPANNERRAUPE

Die Männchen und Weibchen des Frostspanners geben ein sehr absonderliches Paar ab: Denn im Gegensatz zu den „Männern" sind die Weibchen vollkommen flügellos. Wenn sie aus den Puppen geschlüpft sind, klettern sie den Baumstamm hoch. Hier locken sie die (geflügelten) Männchen mit Duftstoffen an und paaren sich mit ihnen. Danach legen sie ihre Eier an den Zweigen in den Baumkronen ab, aus denen im Frühjahr die Raupen schlüpfen.

BUNT UND SCHÖN

Die Männchen sind richtig bunt und schön. Sie sind sehr variabel gefärbt, von kontrastreich weißlich mit zwei rotbraunen Querbinden über einfarbig rötlich braun bis fast ganz schwarz. In der Mitte des Vorderflügels befindet sich immer ein dunkler Punkt.
Man findet die Falter tagsüber leicht zusammen mit dem Kleinen Frostspanner an Baumstämmen, aber auch an (nachts erleuchteten) Schaufenstern und Hauswänden. Sogar in den Großstädten. Es ist spannend, ihr Verhalten nachts mit der Taschenlampe zu beobachten.

LEISE RIESELT DER RAUPENKOT ...

Die bis 32 mm langen, rotbraunen oder gelblichen Spannerraupen findet man im Mai und Juni häufig in Laubwäldern – insbesondere an Eichen und Hainbuchen. Manchmal vermehren sie sich so stark, dass man hier den Raupenkot wie Regentropfen zu Boden fallen hört.

Brauner Bär

Der Braune Bär ist ein wunderschön gefärbter Nachtfalter. Beeindruckend sind auch seine zottig behaarten, bärenähnlichen Raupen.

L V §

STECKBRIEF

NAME: *Arctia caja* (Eulenfalter, Noctuidae)

GRÖSSE: L

FLUGZEIT: Juli bis August in 1 Generation

VORKOMMEN: lichte Laubwälder, Magerrasen, Moore; auch in Siedlungen

RAUPEN-NAHRUNGSPFLANZEN: eine Vielzahl an Bäumen, Sträuchern und Kräutern

ERST NACH MITTERNACHT

Der Braune Bär ist in vielerlei Hinsicht eine bemerkenswerte Art. Als typischer Nachtfalter fliegt er nur nachts. Am erfolgversprechendsten ist es, ihn mit einer künstlichen UV-Lichtquelle (die ein weißes Tuch anstrahlt) anzulocken. Um ihn zu sehen, muss man allerdings bis nach Mitternacht ausharren. Denn erst dann startet der Bär zu seinem Nachtflug. Tagsüber sitzt er mit geschlossenen

3 TYPISCHE MERKMALE

- Vorderflügel braun mit weißem Netzmuster
- Hinterflügel hellrot mit großen blauen Punkten
- Körper leuchtend rot

Flügeln gut getarnt auf Blättern oder Baumstämmen. Ihn am Tag zu entdecken, ist ein großes Glück.

ROT = WARNUNG!

Beim wunderschönen Braunen Bär sind die Hinterflügel und der Körper auffallend rot gefärbt. Das ist kein Zufall. Vielmehr will er damit Angreifer erschrecken. Bei einer Beunruhigung spreizt der Falter seine Flügel weit auseinander und zeigt dem Fressfeind seine rote Warnfarbe. Zusätzlich erscheint oberhalb des Brustabschnitts ein roter Drüsenring, aus dem ein unangenehm riechendes Sekret abgesondert wird.

RAUPE = KLEINER BÄR

Die Raupe des Braunen Bären ist sehr eindrucksvoll. Sie ist bis zu 6 cm lang, schwarzbraun gefärbt und hat insbesondere am Rücken sehr lange Haare. Sie sieht tatsächlich aus wie ein zottiger Mini-Bär. Obwohl die Raupen an vielen unterschiedlichen Pflanzen leben können, ist der schöne Braune Bär in den letzten Jahrzehnten deutlich zurückgegangen.

ZOTTIGE RAUPE

ZOTTELIGE MINI-BÄREN: DIE RAUPEN VON BRAUNEM BÄR UND ZIMTBÄR.

RAUPE ZIMTBÄR

HÄUFIGE RAUPE

Der Raupe des Zimt- oder Rostbären *(Phragmatobia fuliginosa)* kann man ausgesprochen häufig auf Spaziergängen sehen. Insbesondere im September und Oktober. Dann überqueren sie auf der Suche nach einem geeigneten Winterquartier oft Wege und Straßen. Nach dem Einsetzen der Schneeschmelze laufen sie sogar über Schneeflächen hinweg.
Die Raupen sind nur halb so groß wie die des Braunen Bären. Sie sind hell- oder schwarzbraun behaart. Der noch häufige kleine Falter ist rostrot bis zimtbraun gefärbt (Name!) und besitzt rote Hinterflügel. Er fliegt nachts von April bis August. Gelegentlich kann man ihn auch tagsüber sehen.

Rotrandbär

Den Rotrandbär kann man tagsüber auf Wiesen sehen. Er ist hier der auffallendste unter den insgesamt 49 einheimischen Bärenfaltern.

MÄNNCHEN

STECKBRIEF

NAME: *Diacrisia sannio* (Eulenfalter, Noctuidae)

GRÖSSE: M

FLUGZEIT: Mai bis August in 2 Generationen

VORKOMMEN: blütenreiche, magere sonnige Wiesen und Waldränder

RAUPEN-NAHRUNGSPFLANZEN: viele unterschiedliche Pflanzen; u. a. Spitz-Wegerich, Labkraut und Brennnessel

HAARIGER PELZ

Wie alle Bären wird auch der Rotrandbär neuerdings zur Nachtfalterfamilie der Eulenfalter gestellt; hier ist er in der Unterfamilie der Bärenspinner gelistet. Die heißen so, weil ihre Raupen einen haarigen Pelz tragen – wie ein „richtiger" zotteliger Bär. In Deutschland gibt es insgesamt 49 der „geflügelten Bärenarten".
Der Rotrandbär ist zwar wenig bekannt aber ein verbreiteter und stellenweise

TAGSÜBER DER AUFFALLENDSTE ALLER 49 MINI-BÄREN.

WEIBCHEN

3 TYPISCHE MERKMALE

- Vorderflügel der Männchen ockergelb, rot gerandet
- Vorderflügel der Weibchen orange-braun, dunkel geadert
- Vorderflügel jeweils mit deutlichem Fleck

PURPURBÄR

häufiger Falter. Aufgrund seiner Färbung und seiner Größe ist er zudem auf Wiesen eine der auffälligsten tagaktiven Nachtfalterarten. Insbesondere die schön gefärbten Männchen fliegen am Tag im Sonnenschein oder lassen sich sehr leicht aus der Vegetation aufscheuchen. Ihre markanten ockergelben Vorderflügel sind rot gerandet und haben der Art ihren deutschen Namen gegeben. Die kleineren, dunkleren Weibchen sind flugträger, lassen sich tagsüber aber auch aufschrecken.

TAGAKTIVER BÄRENSPINNER

Man begegnet dem Rotrandbär bei Sonnenschein vor allem auf bunten, mageren Blumenwiesen, Feuchtwiesen und Trockenrasen. Selbst in gut gestalteten Naturgärten kann man ihn sehen.
Die dunkelbraunen, haarigen Raupen sind nicht wählerisch. Sie fressen an den unterschiedlichsten krautigen Pflanzen und Stauden. Unter anderem ernähren sie sich von Spitz-Wegerich, Labkraut und Brennnesseln.

KOSTBARKEIT PURPURBÄR

Ein anderer, ganz besonders schöner Bärenspinner ist der Purpurbär *(Diacrisia purpurata)*. Die leuchtend roten Hinterflügel des Falters bilden zu den gelben Vorderflügeln einen auffallenden Kontrast. Der wunderbar gefärbte tagaktive Bär ist allerdings recht selten geworden. Er fliegt im Juni und Juli, insbesondere in Ost- und Südwestdeutschland. Bevorzugte Lebensräume sind hier Trockenrasen, Heiden und Moore.

Noch mehr hellbraun-orange-rote Falter

Auf dieser Doppelseite finden Sie verschiedene hellbraune, ockerfarbige oder orangerote Falter. Vor allem bei den tagsüber wuselig durch die Umgebung fliegenden Nachtfalterarten brauchen Sie gute Augen und etwas Geduld. Denn die Tiere lassen sich nur bestimmen, wenn sie sich hingesetzt haben.

Monarch
Danaus plexippus

XL

Die Monarchfalter sind wegen ihrer Wanderungen quer durch die USA bekannt. Wer auf den Kanarischen Inseln Urlaub macht, kann die majestätischen Falter häufig in Städten in Parks beobachten.

Mädesüß-Perlmuttfalter
Brenthis ino

M

Der mittelgroße Perlmuttfalter kommt noch verbreitet auf Feuchtwiesen und in Mädesüß-Beständen vor. Hier kann man ihn im Juni und Juli zuweilen noch in hohen Stückzahlen antreffen.

Goldener Scheckenfalter
Euphydryas aurinia

M RL2 FFH §

Der wunderschöne, europaweit gefährdete Goldene Scheckenfalter war früher in ganz Deutschland verbreitet. Trotz immenser Schutzbemühungen ist er in vielen Gegenden ausgestorben.

Ampfer-Purpurspanner
Lythria cruentaria

XS

Der kleine, leuchtend ockergelbe Spanner fliegt tagsüber im Sonnenschein in Heidegebieten und auf Trockenrasen. Seine Flugzeit erstreckt sich von April bis September.

Großer Braun-Dickkopf-falter *Ochlodes sylvanus*

Der häufige Große Braun-Dickkopffalter wird meistens im Flug gar nicht als Schmetterling wahrgenommen. Er taucht überall dort auf, wo es etwas unordentlicher aussieht – auch in Gärten.

Birken-Jungfernkind

Archiearis parthenias

Der Spanner mit seinen orangefarbigen Hinterflügeln gehört zu den ersten Frühlingsboten im Jahr. Von Februar an sitzen die Falter tagsüber auf Waldwegen oder saugen an Weidenkätzchen.

Schwammspinner

Lymantria dispar

Von Juni bis August rasen die Männchen häufig im Sonnenschein in wilden Flügen durch lichte Laubwälder. Die Raupen neigen zu Massenvermehrungen und können ganze Wälder kahl fressen.

Lindenschwärmer

Mimas tiliae

Der herrliche Lindenschwärmer fliegt nur nachts. Von Mai bis August findet man die prächtigen Falter zuweilen aber auch tagsüber an Baumstämmen oder versteckt in der Vegetation.

Hausmutter

Noctua pronuba

Die Hausmutter lässt sich tagsüber in Gärten und Siedlungen aus der Vegetation aufscheuchen. Der große Eulenfalter mit den gelben Hinterflügeln verirrt sich manchmal in unsere Häuser.

Zimteule

Scoliopteryx libatrix

Der hübsche Nachtfalter überwintert als Falter in Höhlen. Man findet die Zimteule im Winterhalbjahr aber auch häufiger in feuchten Kellern – zusammen mit dem Kleinen Fuchs und dem Tagpfauenauge.

Drei verschiedene Augenfalter

Dunkelbraune, schwarze und graue Falter

In diese Gruppe fallen Schmetterlinge mit überwiegend dunklen, düsteren Flügeln. Diese Flügelfarbe ist an vielen Orten ein perfekter Schutz. Denn unscheinbare Falter sind an schattigen Stellen bzw. auf grauem, dunklem Untergrund kaum zu entdecken. Und nachts sind sie hier praktisch unsichtbar.

NACHTFALTER – DÜSTER GEFÄRBTE „MOTTEN“

Die mit über 1200 Arten in Deutschland ungeheuer artenreiche Gruppe der Nachtfalter besitzt düster dunkelbraun oder grau gefärbte Flügel. Diese unscheinbaren Falter sind so tagsüber gut getarnt und vor Fressfeinden sicher.

AUGENFALTER SIND MEIST DUNKEL

Unter den Tagfaltern haben insbesondere die Augenfalter dunkelbraune Flügel. So können sie die Wärme der ersten Sonnenstrahlen nutzen und deutlich früher losfliegen als andere Falter. Den Mohrenfaltern als typischen Bergschmetterlingen gelingt es dank ihrer dunklen Flügelfarbe bis auf Höhen von über 3000 m aufzusteigen.

DUNKELBRAUN – DIE BLÄULINGSWEIBCHEN

Ganz anders, als es der Name vermuten lässt, sind die Weibchen unserer insgesamt 34 „blauen“ Bläulingsarten dunkelbraun gefärbt. Das ist durchaus sinnvoll, denn so werden die wegen der Eier biologisch wertvolleren Weibchen von Feinden deutlich seltener entdeckt und gefressen. Nur die Männchen haben wunderschöne blaue Flügel – diese finden Sie bei den „Bunten Faltern“.

Großer Schillerfalter

Die blau und violett schillernden, prächtigen Falter gelten zurecht als die Juwelen unserer Wälder. Allerdings leuchten nur die Männchen so wunderbar.

L V § ☹ 🦋

„HANDZAHMES“ MÄNNCHEN

DIE SCHÖNSTEN SCHMETTERLINGE IM WALD

Die großen, prächtigen Schillerfalter sind die mit Abstand schönsten Schmetterlinge in unseren Wäldern. Man kann sie getrost als die kleine „Ausgabe“ der leuchtend blauen, großen Morphos aus dem Dschungel in Südamerika bezeichnen. Und die Morphos gelten mit als die schönsten Schmetterlinge der Welt…

STECKBRIEF

NAME: *Apatura iris* (Edelfalter, Nymphalidae)

GRÖSSE: L

FLUGZEIT: Mitte Juni bis August in 1 Generation

VORKOMMEN: lichte Laubwälder mit abwechslungsreichem Baumbestand

RAUPEN-NAHRUNGSPFLANZEN: Weiden, v. a. Salweide

Den herrlichen metallischen Blauschiller der Flügel zeigen allerdings ausschließlich die Männchen. Er ist eine „Strukturfarbe“, die durch winzige Luftkammern in den Schuppen hervorgerufen wird. Je nach Einfallswinkel des Lichts leuchten diese speziellen Schillerschuppen metallisch blau bzw. lila auf – oder bleiben stumpf. Dann wirkt der Flügel einfarbig dunkelbraun. Die Engländer tragen der außerordentlichen Schönheit des Schillerfalters

3 TYPISCHE MERKMALE

- schwarzbraun mit weißer Fleckenbinde
- Männchen mit deutlichem Blauschiller
- Weibchen ohne Schillerfarbe

GROSSER (OBEN) UND ZWEI KLEINE SCHILLERFALTER

SCHILLERFALTER SIND DIE JUWELEN IN UNSEREN WÄLDERN.

KLEINER SCHILLERFALTER

mit einem hoheitlichen Namen Rechnung: Sie nennen ihn *Purple Emperor*, also Violetter Kaiser.

AASFRESSER

Schillerfalter kann man im Sommer nicht selten an lichten, mit Weiden bestandenen Waldwegen beobachten.
Vor allem, wenn man vormittags in den Wald geht. Dann sollte man insbesondere an feuchten Bodenstellen nach den fliegenden Edelsteinen Ausschau halten. Denn diese prächtigen Falter interessieren sich überhaupt nicht für Blüten. Vielmehr fliegen sie auf alles, was ordentlich stinkt: Sie nehmen häufig von tierischen Exkrementen Mineralien auf – ja sie saugen sogar an Aas.
Und häufiger werden auch Menschen, die ordentlich geschwitzt haben, von ihnen zwecks Nahrungsaufnahme angeflogen …

KLEINER UND GROSSER

Bei uns gibt es zwei Schillerfalterarten: den Großen *(Apatura iris)* und den Kleinen Schillerfalter *(Apatura ilia)*. Ungeachtet ihres Namens unterscheiden sie sich in der Größe nur unwesentlich voneinander. Der Kleine ist allerdings deutlich seltener als der Große. Seine Unterseitenzeichnung ist durchgängig verwaschen hellbraun – nicht so kontrastreich gefärbt wie die des großen Bruders.

Weißbindiger Mohrenfalter

Die düster dunkelbraun gefärbten Mohrenfalter sind typische Bergschmetterlinge. Achten Sie bei Ihrem nächsten Urlaub in den Bergen auf diese Falter.

M V § ☹

WEISSBINDIGER MOHRENFALTER, UNTERSEITE

STECKBRIEF

NAME: *Erebia ligea* (Edelfalter, Nymphalidae)

GRÖSSE: M

FLUGZEIT: Juli und August in 1 Generation

VORKOMMEN: lichte Wälder in den Mittelgebirgen und den Alpen

RAUPEN-NAHRUNGSPFLANZEN: Gräser

TYPISCHE BERGSCHMETTERLINGE

Sind Ihnen beim Wandern in den Bergen schon einmal die dunkelbraun gefärbten, mittelgroßen Falter aufgefallen, die Sie sonst wo noch nie gesehen haben? Es sind Mohrenfalter. Sie besiedeln in großer Artenzahl die Alpen und sind typisch für das Hochgebirge. Alle 17 in Deutschland vorkommenden Arten sehen recht ähnlich aus: dunkel, mit vielen Augen auf den Flügeln. Die dunkle Farbe ist eine Anpassung an den eher kalten Lebensraum und die

3 TYPISCHE MERKMALE

- dunkelbraun, orangerote Binde mit 3-4 Augenflecken
- schwarz-weiße Fransen an den Flügelrändern
- weiße Binde auf der Hinterflügel-Unterseite

OBERSEITE

MOHRENFALTER – ÜBERBLEIBSEL DER EISZEIT.

FRÜHER MOHRENFALTER

kurze Vegetationsperiode. Denn Mohrenfalter sind ganz typische Überbleibsel der Eiszeit. Sie nutzen schon die ersten Sonnenstrahlen im Gebirge und erheben sich deutlich früher als andere Falter aus der Vegetation in die Lüfte. Fast alle Mohrenfalterarten sind selten geworden; die meisten sind sogar akut gefährdet.

ERKENNUNGSMERKMAL: SCHWARZ-WEISSE FRANSEN

Mohrenfalterarten sind schwer zu bestimmen. Am einfachsten erkennt man noch den recht großen Weißbindigen Mohrenfalter: Bei ihm fallen die schwarz-weißen Fransen an den Flügelrändern auf, die sonst nur noch der Weißbindige Bergwald-Mohrenfalter *(Erebia euryale)* besitzt.
Der Weißbindige Mohrenfalter fliegt in lichten Bergwäldern, in Höhen von 500 – 2 000 m. Wenn Sie die Art sehen wollen, sollten Sie nicht in geraden Jahren nach ihr suchen. Denn die Raupen sind typische Grasfresser und benötigen zwei Jahre für ihre Entwicklung. Deshalb begegnet man der Art fast ausschließlich in ungeraden Jahren. An den Orten des Auftretens kann dieser Mohrenfalter aber recht häufig fliegen.

DER FRÜHESTE …

In Deutschland am weitesten verbreitet ist der Frühe Mohrenfalter *(Erebia medusa)* – eine der wenigen Arten, die auch im Flachland vorkommen. Als einziger Mohrenfalter fliegt er schon im Mai, daher sein Name. In vielen Büchern ist er noch als Rundaugen-Mohrenfalter verzeichnet. Dabei sind die Augen auf seinen Flügeln nicht runder als bei den anderen Mohrenfaltern.

Waldbrettspiel

Das Waldbrettspiel ist der Spotlight-Falter. Die Falter sitzen überall dort, wo ein einzelner Sonnenstrahl auf den dunklen Waldboden fällt.

STECKBRIEF

NAME: *Pararge aegeria* (Edelfalter, Nymphalidae)

GRÖSSE: M

FLUGZEIT: April bis September in 2–3 Generationen

VORKOMMEN: lichte Wälder und Obstgärten

RAUPEN-NAHRUNGSPFLANZEN: Gräser

SPOTLIGHT-FALTER

Das Waldbrettspiel steht gern im Rampenlicht. Es ist für mich der „Spotlight-Falter". Wenn die Sonne in einem ansonsten dunklen Laubwald oder einem dichten Obstgarten einen kleinen Lichtfleck durch die Blätter auf den Waldboden zeichnet – dann sitzt bestimmt der Falter genau hier und wärmt sich. Die Männchen des Waldbrettspiels besetzen solche Lichtinseln und verteidigen diese Reviere gegen Eindringlinge. Dabei kommt

FALTERGEWUSEL AUF DEN BLÜTEN

BRAUNE WALDVÖGEL, UNTERSEITE

3 TYPISCHE MERKMALE

- dunkelbraun
- Flügel mit auffallenden gelblichen Flecken
- unverkennbar

BRAUNER WALDVOGEL, OBERSEITE

es häufig zu heftigen „Luftkämpfen" mit vorbeifliegenden Konkurrenten.
Das Waldbrettspiel kommt in ganz Deutschland vor. Es kann in Obstwiesen, auch inmitten von Dörfern, noch recht häufig beobachtet werden. Hauptlebensraum sind lichte Wälder, wo die Weibchen ihre Eier an verschiedenste Gräser ablegen. Die Falter sind nur selten beim Blütenbesuch zu beobachten. Häufiger saugen sie an ausfließenden Baumsäften oder an überreifem Obst.

MOHRENFALTERÄHNLICH: BRAUNER WALDVOGEL

In Deutschland ebenso weit verbreitet ist der Braune Waldvogel *(Aphantopus hyperantus)*. Mit seiner eintönig dunkelbraunen Flügelfarbe und seinen fünf Augenflecken auf der Unterseite gleicht er einem Mohrenfalter. Die Falter sind im Siedlungsbereich überall dort anzutreffen, wo man vergessen hat, die Landschaft zu „pflegen". Der Falter fühlt sich dort am wohlsten, wo es „etwas unordentlich aussieht". Er fliegt häufig auf verbuschten Wiesen, in Heckengebieten und lichten Wäldern. Im Juli und August kann man an blühenden Brombeeren oft Dutzende Falter gleichzeitig beim Saugen sehen.
Die braunen Raupen fressen wie viele Augenfalter an verschiedensten Gräsern. Sie überwintern und bilden mit gut zehn Monaten Lebenszeit die Hauptform der Art. Wer einen Naturgarten hat, kann hier im Mai und Juni nachts mit der Taschenlampe die Raupen beim Fressen beobachten.

Weißer Waldportier

Wollen Sie einmal von einem Falter „becirct“ werden? Dann suchen Sie nach der Waldvenus – und lassen sich von ihr verzaubern.

XL RL3 § ☹ 🦋

WEISSER WALDPORTIER SAUGT AUS DER HAND

STECKBRIEF

NAME: *Brintesia circe* (Edelfalter, Nymphalidae)

GRÖSSE: XL

FLUGZEIT: Juni bis September in 1 Generation

VORKOMMEN: Trockenrasen und Steppenheiden

RAUPEN-NAHRUNGSPFLANZEN: Gräser

WALDVENUS, BERGHEXE UND RIEDTEUFEL

Die Waldportiers sind faszinierende große, braune Falter. Meist sitzen sie mit gefalteten Flügeln auf Baumstämmen oder Felsen. Hier sind sie so gut getarnt, dass sie auch für erfahrene Schmetterlingsbeobachter völlig unsichtbar bleiben. Wenn sie dann aber plötzlich auffliegen, begeistern sie jeden Naturliebhaber.
In Deutschland gibt es sechs Arten. Sie kommen insbesondere in Wärmegebieten

WALLISER WALDPORTIER

3 TYPISCHE MERKMALE

- dunkelbraun mit breiter weißer Querbinde
- kontrastreich
- größter Augenfalter

OCKERBINDIGER SAMTFALTER

vor und sind recht selten. Die Waldportiers tragen zum Teil recht skurrile Eigennamen wie Berghexe, Riedteufel oder Waldvenus.

BECIRCT …

Besonders majestätisch und beeindruckend ist die größte Art, der Weiße Waldportier. Sie wird auch mit dem Namen „Waldvenus“ geadelt. Die riesigen Falter haben mich schon mehrfach regelrecht „becirct“ (Artname!). Wenn mich ein riesiges *Circe*-Weibchen umkreiste, lief mir stets ein Schauer über den Rücken. Häufig landete der Falter kurze Zeit später sogar auf meiner verschwitzten Exkursionsbekleidung (T-Shirt, Hose beziehungsweise Mütze), um aus dem Stoff Mineralien aufzusaugen. Viele der riesigen Falter ließen sich dann auf die Hand nehmen und ohne Scheu fotografieren.
Leider ist die herrliche Art bei uns nur in Wärmegebieten Süddeutschlands beheimatet. Im Mittelmeergebiet ist sie im Sommer allerdings häufig zu sehen.

AN KÜSTEN UND DÜNEN

In ganz Deutschland verbreitet, aber ebenfalls ziemlich selten ist der Ockerbindige Samtfalter oder Rostbinde *(Hipparchia semele)*. Er ist wesentlich kleiner und deutlich unscheinbarer gefärbt als die Waldvenus. Die Falter fliegen insbesondere auf Sandböden. Regelmäßig beobachten kann man sie noch an den norddeutschen Küstendünen, zum Beispiel auf der Insel Sylt. Gerne sitzen sie hier mit zusammengeklappten Flügeln auf dem Sand – und sind dann völlig unsichtbar.

Blauer Eichen-Zipfelfalter

Gehen Sie im Winter doch einmal auf die Suche nach den Eiern des Blauen Eichen-Zipfelfalters – auch mit ihren Kindern.

WEIBCHEN

STECKBRIEF

NAME: *Favonius quercus* (Bläulinge, Lycaenidae)

GRÖSSE: S

FLUGZEIT: Juli und August in 1 Generation

VORKOMMEN: Eichenwälder und an einzelnstehenden Eichen

RAUPEN-NAHRUNGSPFLANZEN: Eichen

SEHR HÄUFIG – ABER SELTEN ZU SEHEN

Den Blauen Eichen-Zipfelfalter bekommt man nur selten zu Gesicht. Dabei ist er in Deutschland einer der am weitesten verbreiteten Tagfalter. Allerdings führt er eine versteckte Lebensweise. Der zu den Bläulingen zählende Zipfelfalter verbringt, ähnlich wie die Falter im tropischen Regenwald, sein gesamtes Leben hoch oben in den Bäumen. Die Falter fliegen

3 TYPISCHE MERKMALE

- schwarzbraun, Männchen mit blauem Schiller
- kurzer Zipfel an den Hinterflügeln
- Unterseite hellgrau

fast ausschließlich im Kronenbereich von Eichen und kommen nur sehr selten, etwa zum Saugen an Wasserpfützen, zum Boden herab. Meist sitzen die kleinen, unscheinbar braun gefärbten Zipfelfalter jedoch mit zusammengeklappten Flügeln im Geäst und sind dann nahezu unsichtbar. Zur Ernährung nutzt der Falter das, was Blattläuse auf den Blättern ausscheiden: Honigtau! Blüten interessieren ihn hingegen überhaupt nicht.

EI AUF EICHENKNOSPE

SUCHEN SIE SEINE EIER AN SCHLEHEN.

NIERENFLECK-ZIPFELFALTER

EIERSUCHE – EIN KINDERSPIEL

So schwierig der Nachweis der Falter ist, so einfach ist die Suche nach seinen Eiern! Vor allem, weil man dafür das gesamte Winterhalbjahr Zeit hat. Die weißlich grauen Eier findet man an besonnten Blütenknospen von Eichen, meist nahe der Zweigspitzen. Das Entdecken der Eier des Blauen Eichen-Zipfelfalters an den Blütenknospen der Eichen (die sind wesentlich dicker als die Blattknospen) ist im wahrsten Sinne des Wortes ein Kinderspiel. Probieren Sie die Eiersuche an großen, einzelnstehenden Eichen aus – insbesondere auch mit ihren Kindern.

EHER DAS EI ALS DEN FALTER

Ebenfalls viel leichter als die Falter finden Sie die Eier der größten unserer acht Zipfelfalterarten: des Nierenfleck-Zipfelfalters *(Thecla betulae)*. Die auffallenden, schneeweißen Eier entdeckt man im Winter leicht an Schlehen. Suchtipp: Am besten findet man die Eier an der Unterseite von Zweiggabeln, die weit weg vom Strauch in die Luft reichen. Wenn Sie ein Ei gefunden haben: Betrachten Sie es einmal mit einer Lupe. Denn die halbkugeligen Eier mit ihrer feinen Wabenstruktur sind ausgesprochen hübsch.
Die erst im Spätsommer fliegenden Falter sind schwer zu beobachten. Dabei kommen sie sogar in Gärten vor.

Argus-Bläuling (Weibchen)

Bei den allermeisten Bläulingen sind die Weibchen eher unscheinbar dunkelbraun gefärbt. Die Bläulingsmännchen erstrahlen dagegen in „Blau“.

XS

VIELE ARGUS-AUGEN

STECKBRIEF

NAME: *Plebejus argus* (Bläulinge, Lycaenidae)

GRÖSSE: XS

FLUGZEIT: Mai bis Ende August in 1–2 Generationen

VORKOMMEN: Heiden, Magerrasen und Moorränder

RAUPEN-NAHRUNGSPFLANZEN: Hornklee und andere Schmetterlingsblütler; Heidekraut

BRAUNE BLÄULINGE

Bläulinge heißen Bläulinge, weil die Weibchen braun sind! Mit dieser eigenartigen Logik leite ich gelegentlich meine Vorträge über Schmetterlinge ein. Diese ebenso kuriose wie richtige Aussage beschreibt, wie verschieden die beiden Geschlechter bei den allermeisten der insgesamt 34 „blauen“ Bläulingsarten gefärbt sind. Die Männchen haben wunderschöne blaue Flügel – wie beim Argus-Bläuling. Die Flügel der biologisch

BLÄULINGS-WEIBCHEN SIND EINTÖNIG BRAUN.

WEIBCHEN

3 TYPISCHE MERKMALE (WEIBCHEN)

- klein; dunkelbraun mit undeutlicher orangefarbener Fleckenreihe
- Unterseite braungrau mit orangefarbigen Randflecken
- silberglänzende, blaue Punkte auf Hinterflügel-Unterseite

KLEINER SONNENRÖSCHEN-BLÄULING

„wertvolleren" Weibchen (wegen der Eier!) sind dagegen eher unscheinbar dunkelbraun gefärbt.

ARGUS-AUGEN

Der sehr kleine „schöne Argus" ist in ganz Deutschland verbreitet, aber mittlerweile recht selten geworden. Er fliegt unter anderem auch in Heidegebieten und Sandkiefer-Wäldern in Norddeutschland – wo sich sonst kaum eine andere Bläulingsart hin verirrt. Die Argus-Bläulinge sind gut an ihren silbrig metallisch glänzenden Punkten auf der Hinterflügel-Unterseite zu erkennen. Diese „Argus-Augen" haben dem Falter seinen Namen gegeben. In älteren Büchern ist er noch, wenig aussagekräftig, als „Geißklee-Bläuling" aufgeführt. Die leuchtend blauen Männchen finden Sie im Kapitel „Bunte Falter" auf Seite 122–127. Sie besitzen einen arttypischen breiten schwarzen Rand auf den Flügeln.

BEIDE GESCHLECHTER BRAUN

Als seltene Besonderheit sind beim Kleinen Sonnenröschen-Bläuling *(Aricia agestis)* nicht nur die Weibchen, sondern auch die Männchen braun gefärbt. Die Falter können durch die leuchtend orangefarbene Fleckenreihe auf den Flügeln von den sehr ähnlichen Weibchen des Gewöhnlichen Bläulings (*Polyommatus icarus*, siehe Seite 122) unterschieden werden.

Malven-Dickkopffalter

Haben Sie Stockrosen oder Malven in Ihrem Garten? Dann suchen Sie doch mal die Blatttüten der Raupen des Malven-Dickkopffalters.

MALVEN-DICKKOPFFALTER

STECKBRIEF

NAME: *Carcharodus alceae* (Dickkopffalter, Hesperiidae)

GRÖSSE: S

FLUGZEIT: April bis September in 2–3 Generationen

VORKOMMEN: warme offene trockene Stellen; Gärten

RAUPEN-NAHRUNGSPFLANZEN: Malven und Stockrosen

EHER FLIEGEN ALS SCHMETTERLINGE

Die „Dunklen Dickkopffalter" sind kleine, unscheinbare graue Falterchen. Nicht gerade das, was einen als Falterfreund vom Hocker haut. Sie fliegen so schnell und wuselig, dass es kaum möglich ist, sie mit den Augen zu verfolgen. Sausen die Dickkopffalter irgendwo in der Luft herum, glauben Schmetterlingslaien eher eine Fliege als einen Schmetterling zu sehen – und gehen zur Tagesordnung über …

3 TYPISCHE MERKMALE

- Raupen bauen auffällige Blatttüten an Malven und Stockrosen
- Falter klein, grau-braun
- Flügel stark marmoriert (Würfelmuster)

RAUPE

BLATTTÜTE

KLEINER WÜRFEL-DICKKOPFFALTER

TÜTEN SUCHEN

Einer der insgesamt 18 bei uns heimischen „Dunklen Dickkopffalter“ ist weit verbreitet und auffällig. Und er kommt zudem noch in vielen Gärten vor. Das besondere am Malven-Dickkopffalter: Bei ihm sind die Raupen viel, viel leichter zu finden als die Falter. Was nicht ganz stimmt – denn es sind vielmehr die Behausungen der Raupen, die Sie wirklich leicht entdecken können. Die Raupe baut sich nämlich ein kleines Wohnhaus, indem sie einen Teil eines Blattes nach oben umklappt und dann festspinnt. Das sieht dann aus wie eine Blatttüte. Und diese Blatttüten können Sie im Garten leicht an der stattlichen Stockrose, einer wunderschönen Bauerngartenpflanze, oder an Malven entdecken. Die kleine Raupe, die sich darin versteckt, ist recht hübsch: grau mit schwarzem Kopf – getrennt von einem leuchtend gelben Band. Suchen und finden können Sie die Tüten das ganze Jahr über – denn die Raupe überwintert auch in ihrem Tütenversteck. Der Falter ist von April bis September unterwegs.

ZWEI VON 18

Nur zwei weitere der 18 „Dunklen Dickkopffalterarten“ sind bei uns, insbesondere auf Trockenrasen, weit verbreitet: der Dunkle Dickkopffalter *(Erynnis tages)* und der Kleine Würfel-Dickkopffalter *(Pyrgus malvae)*. Aber das ist dann wirklich nur etwas für fortgeschrittene Schmetterlingsfreunde …

Eichenprozessionsspinner

Der Eichenprozessionsspinner steht wegen der Brennhaare seiner Raupen auf der Hitliste der unbeliebtesten Falter auf Platz Eins.

EICHENPROZESSIONSSPINNER, MÄNNCHEN

STECKBRIEF

NAME: *Thaumetopoea processionea* (Zahnspinner, Notodontidae)

GRÖSSE: S

FLUGZEIT: Juli bis September in 1 Generation

VORKOMMEN: warme Ränder von Eichenwäldern; auch an Einzelbäumen

RAUPEN-NAHRUNGSPFLANZEN: Eichen

DER MEDIENSTAR

Wie heißt der Falter, der in den letzten Jahren bei uns am meisten im Gespräch war? Das ist zweifellos der Eichenprozessionsspinner. Mit Sicherheit hat es kein anderer Schmetterling so häufig in die Schlagzeilen von Presse und Fernsehen geschafft. Wohl jedes Regionalblatt hat schon mehr oder weniger reißerisch über ihn berichtet.

3 TYPISCHE MERKMALE

- Vorderflügel unscheinbar grau
- Hinterflügel weißlich
- Fühler beim Männchen stark gekämmt

HAARIGE RAUPEN

RAUPENNEST

Das Kuriose dabei ist: Trotz des hohen Bekanntheitsgrades weiß tatsächlich fast niemand, wie dieser Schmetterling überhaupt aussieht. Denn kaum jemand hat den mittlerweile bei uns häufigen Nachtfalter bisher gesehen.

WARNUNGEN VOR DEN RAUPEN

Dafür aber die Überreste der Raupennester. Also die Häute der Raupen in dem klammerbeutelartigen Gespinstsack. Der hängt auffällig an Eichenstämmen und ist hier über mehrere Jahre sichtbar. Wo Eichen stehen, sieht man häufig Schilder und Absperrungen, auf denen vor den Raupennestern gewarnt wird.
Was die Raupen so unbeliebt macht, sind ihre Brennhaare! Diese brechen leicht und können sogar durch Luftströmungen fortgeweht werden. Wenn sie auf die Haut geraten oder eingeatmet werden, führen sie bei vielen Menschen zu erheblichen allergischen Reaktionen: Vor allem gerötete, stark juckende Hautausschläge oder schmerzhafte Schleimhautreizungen in den Augen und der Lunge sind die Folge. Die Brennhaare sind übrigens auch in den verlassenen Gespinstnestern enthalten und können noch nach über zehn Jahren ihre unheilvolle Wirkung verbreiten. Deswegen dürfen Sie die alten Gespinste nicht berühren!

KLIMAGEWINNER

Der nachtaktive Falter war früher selten. Er hat sich erst im Rahmen der Klimaerwärmung in den letzten Jahren stark bei uns ausgebreitet. Die Raupen marschieren gemeinsam in einer ein- oder mehrreihigen Prozession zur Nahrungsquelle. Daher der Name des Nachtfalters.

Kleiner Frostspanner

Der Kleine Frostspanner ist ebenso häufig wie bemerkenswert. Lesen Sie den Text und gehen Sie im Spätherbst auf Ihre persönliche Entdeckungsreise!

XS

MÄNNCHEN IM DEZEMBER

STECKBRIEF

NAME: *Operophtera brumata* (Spanner, Geometridae)

GRÖSSE: XS

FLUGZEIT: Mitte Oktober bis Dezember in 1 Generation

VORKOMMEN: Wälder, Obstgärten und Parks; überall häufig

RAUPEN-NAHRUNGSPFLANZEN: Laubbäume und Sträucher aller Art

EIN FALTER OHNE FLÜGEL

Der Kleine Frostspanner ist eigentlich nur ein kleiner, sehr unscheinbarer Schmetterling. Doch der Nachtfalter ist in vielerlei Hinsicht höchst bemerkenswert. Obwohl er einer unserer allerhäufigsten Schmetterlinge ist, kennt ihn fast niemand. Die Falter fliegen erst dann, wenn sich fast alle anderen Schmetterlinge bereits zur Ruhe begeben haben - im November und Dezember. Und das Allerschärfste: Die Weibchen der Frostspan-

DIE SPANNERRAUPEN FINDET MAN IM MAI IN JEDEM OBSTBAUM.

RAUPE

WEIBCHEN

3 TYPISCHE MERKMALE

- Männchen dunkel graubraun
- Weibchen flugunfähig und
- mit winzigen Flügelstummeln, fliegenähnlich

ner können nicht fliegen! Sie krabbeln an Baumstämmen herum – und sehen eher aus wie eine Fliege, der man die Flügel ausgerissen hat.

LEIMRINGE GEGEN SCHMETTERLINGE

Viele Obstbaumbesitzer bekämpfen die Art, denn die Raupen können bei einer Massenvermehrung im gewerblichen Obstbau erhebliche Schäden anrichten. Sie bringen im Herbst mit Klebstoff beschichtete Manschetten, sogenannte Leimringe, an den Stämmen ihrer Bäume an. Die Leimringe stellen für die frisch geschlüpften flügellosen Weibchen, die vom Boden aus den Stamm hochklettern, eine unüberwindbare Barriere dar. Diese hindert sie daran, an den Zweigen ihre Eier abzulegen. Aus den Eiern schlüpfen im Frühjahr die kleinen hellgrünen Raupen, die insbesondere im Mai massenhaft an den Blättern nagen. Man findet die Räupchen gut zwischen den jungen zusammengesponnen Blättern.

ABSONDERLICHE PÄRCHEN

Die nachtaktiven Falter erscheinen meist ab Mitte Oktober, wenn die Bodentemperatur längere Zeit auf ca. 5° C abgesunken ist. Sie fliegen dann bis zum Jahresende, sogar in Frostnächten. Die Männchen schwärmen nachts in Wäldern, Obstplantagen und Parks. Ihr nächtliches Treiben lässt sich sehr gut mit einer Taschenlampe beobachten. Insbesondere an den Stämmen der Laubbäume kann man dann die skurril gegensätzlich aussehenden Frostspanner-Pärchen beim Begattungsakt beobachten.
Die an den Baumstämmen sitzenden Männchen findet man auch tagsüber problemlos. Und selbst mitten in den Städten kann man die Falter entdecken. Hier sitzen die vom Licht angelockten Spanner oft in großer Zahl an den beleuchteten Schaufenstern der Geschäfte.

Gammaeule

Die Gammaeule ist wohl der häufigste tagsüber fliegende Nachtfalter. Mit Sicherheit entdecken Sie die Art am Sommerflieder in Ihrem Garten.

TRINKENDER AKROBAT

STECKBRIEF

NAME: *Autographa gamma* (Eulenfalter, Noctuidae)

GRÖSSE: M

FLUGZEIT: April bis November in 2–3 Generationen

VORKOMMEN: überall in offenem Gelände

RAUPEN-NAHRUNGSPFLANZEN: an vielen vollkommen unterschiedlichen Pflanzen: z. B. Klee, Kohl, Salat oder Brennnesseln

DER HÄUFIGSTE

Die Gammaeule bedient einige Superlative. Sie ist einer der am weitesten verbreiteten und häufigsten tagaktiven Nachtfalter. Gleichzeitig gehört der allgegenwärtige Eulenfalter zu den häufigsten Wanderfaltern. Und auch beim Tagfalter-Monitoring in Deutschland lag die Gammaeule bei den tagaktiven Nachtfaltern an der Spitze.

TYPISCH: DAS SILBRIGE „GAMMA“ AUF DEN VORDERFLÜGELN.

FALTER, OBERSEITE

3 TYPISCHE MERKMALE

- Vorderflügel mit Muster in verschiedenen Brauntönen
- in der Flügelmitte ein silbrig weißes „Gamma“
- Hinterflügel gelbbraun mit breitem, dunklem Außensaum

RAUPE

SOGAR IN STÄDTEN AN BALKONBLUMEN

Die Falter fliegen im Sonnenschein und besuchen Blüten. Gern saugen sie in Gärten am Sommerflieder. Selbst in den Großstädten sieht man sie an Balkonblumen. Bei der Nektarsuche fliegen sie in raschem Schwirrflug von Blüte zu Blüte. Sie setzen sich meist nicht ruhig hin, sondern stehen mit schwirrenden Flügeln vor der Blüte – ähnlich wie das noch wendigere Taubenschwänzchen. Nachts kommen die Falter auch zum Licht.

WANDERFALTER

Vor allem im Sommer kann man der Gammaeule überall im Offenland begegnen. Die einheimischen Populationen werden jedes Jahr durch zahlreiche Zuwanderer aus dem Süden verstärkt. Gelegentlich kommt es zu Massenvermehrungen.
Da die bis 35 mm langen, hellgrünen Raupen an Kopfsalat, Kohl, Kürbis, Erbse, Bohne und Rüben fressen, können an Gemüsekulturen erhebliche Schäden entstehen.

GRIECHISCHER BUCHSTABE

Der Name der Gammaeule leitet sich von dem auffallenden silbrigweißen Fleck in der Flügelmitte ab. Dieser ähnelt dem Buchstaben Gamma aus dem griechischen Alphabet. Ebenfalls tagsüber am Sommerflieder saugt die Schafgarben-Silbereule *(Macdunnoughia confusa)*. Sie unterscheidet sich von der ähnlichen Gammaeule durch ihr am Rand rötlichbraun gefärbtes Mittelfeld. Auch diese Silbereule ist im Kulturland sowie in Gärten häufig zu sehen. Sie fliegt von April bis Oktober.

Braune Tageule

Das kleine Tageulchen ist nur auf den ersten Blick unscheinbar. Sie begegnen dem nur tagsüber fliegenden Nachtfalter überall auf Wiesen und in Gärten.

S

BRAUNE TAGEULE

STECKBRIEF

NAME: *Euclidia glyphica* (Eulenfalter, Noctuidae)

GRÖSSE: S

FLUGZEIT: April bis August in 2 Generationen

VORKOMMEN: blumenreiche Wiesen; auch in Gärten

RAUPEN-NAHRUNGSPFLANZEN: verschiedene Kleearten und andere Schmetterlingsblütler

NACHTFALTER – ABER NUR TAGSÜBER UNTERWEGS

Das hübsche braune Tageulchen ist einer der häufigsten und am weitesten verbreiteten tagaktiven Nachtfalter. Es fliegt nur tagsüber im Sonnenschein – nachts schläft es. Von April bis August begegnet man dem Eulenfalter überall beim Blütenbesuch in Wiesen und in Gärten. Was oberflächlich zuerst eher wie eine unscheinbare braune „Motte“ erscheint,

3 TYPISCHE MERKMALE

- Vorderflügel graubraun mit 2 dunkelbraunen Querbinden
- Hinterflügel dunkelbraun mit gelblicher Zeichnung
- dreieckiger Fleck an der Flügelspitze

SCHECK-TAGEULE

ALLE DREI EULEN SIND NACHTFALTER – FLIEGEN ABER NUR TAGSÜBER.

HORNKRAUT-TAGEULCHEN

entpuppt sich bei näherem Hinsehen als ein „geschmackvoll" in den unterschiedlichsten Brauntönen gezeichneter Falter. Die Unterseiten der Flügel und die Hinterflügel sind gelb gefärbt.
Das Weibchen legt seine Eier an verschiedenen Schmetterlingsblütlern wie Klee, Wicken und Platterbsen ab. Die Puppe überwintert. Der Artname (griech. glyphe = Schriftzeichen; vergleiche Hieroglyphe) bezieht sich auf die Flügelzeichnung.

PROFIL EINER FASCHINGSMASKE
Wo die Braune Tageule fliegt, kommt mit hoher Wahrscheinlichkeit auch die verwandte Scheck-Tageule *(Euclidia mi)* vor. Auch hier haben wir einen Nachtfalter, der ausschließlich tagsüber fliegt.
Die etwas größere Scheck-Tageule ist zwar „nur" einfarbig graubraun. Ihre Vorderflügel besitzen aber eine tolle ornamentale Zeichnung. Sie erinnert an das Profil einer Faschingsmaske. Auch die Raupen dieses Eulchens ernähren sich von Schmetterlingsblütlern.
In Gesellschaft der beiden Tageulchen findet man oft das ebenfalls rein tagaktive, winzige Hornkraut-Tageulchen *(Panemeria tenebrata)*. Die dunkelbraunen Vorderflügel der Art zeigen im Sonnenlicht einen deutlichen Glanz. Ihre Hinterflügel sind schwärzlich mit einem breiten gelben Mittelband. Die Raupen des Mini-Eulchens fressen an Hornkraut und Sternmieren.

Noch mehr dunkelbraun-schwarz-graue Falter

Auf dieser Doppelseite finden Sie weitere dunkel bzw. unscheinbar gefärbte Falterarten.
Bei den tagsüber gut getarnten Nachtfaltern gehört oft etwas Glück dazu, um sie zu entdecken. Sie lassen sich aber leicht aus der Vegetation aufscheuchen.

Großer Eisvogel

Limenitis populi

Der Große Eisvogel ist einer der prächtigsten Tagfalter – aber leider auch einer der seltensten. Man kann den scheuen Falter mit viel Glück im Juni und Juli in lichten Laubwäldern entdecken.

Zwerg-Bläuling

Cupido minimus

Der Zwerg-Bläuling ist unsere kleinste Tagfalterart. Beide Geschlechter sind dunkelbraun gefärbt. In Kalk-Trockenrasen mit der Nahrungspflanze Wundklee ist er oft sehr zahlreich zu sehen.

Brombeerspinner

Malacosoma rubi

Viel häufiger als den Nachtfalter findet man im Spätsommer und Herbst die auffälligen, bis zu 8 cm großen, dicht schwarz und rotbraun behaarten Raupen auf Wiesen und Feldwegen.

Totenkopfschwärmer

Acherontia atropos

Der riesige Schwärmer mit seiner markanten Totenkopf-Zeichnung auf dem Körper wandert sehr selten aus dem Mittelmeergebiet zu uns ein. Er dringt in Bienenstöcke ein und labt sich hier am Honig.

Marmorierter Kleinspanner

Scopula immorata

Der kleine tagaktive Spanner mit seiner grauweiß marmorierten Flügelzeichnung benötigt extensiv bewirtschaftete Wiesen und Brachen. Von Mai bis August ist er an seinen Flugstellen nicht selten.

Graubinden-Labkrautspanner

Epirrhoe alternata

Der häufige, unscheinbar grauweiß gefärbte Spanner kann tagsüber nahezu überall angetroffen werden, wo Labkraut, seine Raupen-Nahrungspflanze, wächst.

Schwarzspanner, Mohrenspanner

Odezia atrata

Das tagaktive Spannerchen mit seinen schwarzen, zeichnungslosen Flügeln und den weißen Spitzen ist nicht zu verwechseln. Es fliegt im Juni und Juli auf Brachen.

Grauleib-Flechtenbärchen

Eilema lurideola

Die unscheinbar grauen Flechtenbärchen sitzen tagsüber oft auf Blüten und saugen Nektar. Sie legen ihre Flügel eng über den Rücken und werden deshalb häufig übersehen.

Weidenbohrer

Cossus cossus

Viel eher als die großen, düster grau gefärbten Falter sieht man im Herbst die sehr auffallende dunkelrote Raupe auf Feldwegen. Sie ist bis zu 10 cm lang, schwach behaart und gleicht einer Käferlarve.

Nesselzünsler

Pleuroptya ruralis

Der unscheinbar gelblichgrau gefärbte Kleinschmetterling ist sehr häufig. Sie können ihn tagsüber auch in Ihrem Naturgarten leicht aufscheuchen – wenn Sie eine Brennnesselecke für ihn reservieren.

Esparsetten-
Widderchen

Bunte Falter

Bunte Tiere sind extrem auffällig. In diesem Kapitel bedeutet „bunt“ bei den Schmetterlingen nicht *mehrere* **helle Farben auf den Flügeln, sondern jeweils** *eine* **ins Auge fallende hervorstechende Farbe. In den drei Gruppen werden rote, blaue und grüne Falter vorgestellt.**

ROT – FEUERFALTER UND BLUTSTRÖPFCHEN

Rot als besonders auffallende, oft herrlich leuchtende Farbe tragen insbesondere die zu den Bläulingen gehörenden Feuerfalter (sieben Arten). Hier reichen die Farbtöne bis ins Lila hinein. Die 15 Blutströpfchenarten warnen mit ihrer auffälligen und einprägsamen Kombi „Rot-Schwarz“: Nicht fressen, ich bin giftig! Einige tagaktive Nachtfalter (z. B. Bären und Ordensbänder) wollen Angreifer erschrecken, indem sie ihnen plötzlich ihre vorher verdeckten knallroten Hinterflügel zeigen.

BLAU – NATÜRLICH DIE BLÄULINGE

Zu den Schmetterlingen mit überwiegend blauen Flügeln gehören vor allem die „echten“ Bläulinge, die in Deutschland mit 34 für Anfänger nur schwer unterscheidbaren Arten vertreten sind. Ihr Blau variiert dabei von Blassgraublau über leuchtend Himmelblau bis hin zu Tiefviolett. Blau sind allerdings fast ausnahmslos nur die Männchen. Bei den Weibchen dominieren braune Flügelfarben. Sie finden diese unter der Kennfarbe „Dunkelbraun“.

GRÜN – GRÜNWIDDERCHEN

Die durchgehend grünen Flügel der mit den Blutströpfchen verwandten Grünwidderchen schimmern häufig metallisch – von grünblau bis gelbgrün.

Kleiner Feuerfalter

Der „Kleine" ist der mit Abstand häufigste Feuerfalter. Sie können ihn insbesondere im Herbst an offenbodigen sonnigen Böschungen beobachten.

S ★ § ✿ 🦋

KLEINER FEUERFALTER

STECKBRIEF

NAME: *Lycaena phlaeas* (Bläulinge, Lycaenidae)

GRÖSSE: S

FLUGZEIT: April bis Oktober in bis zu 4 Generationen

VORKOMMEN: lückig bewachsene, offene sonnige Stellen; gern auf Sand

RAUPEN-NAHRUNGSPFLANZEN: Kleiner Sauerampfer

FEUERROTE BLÄULINGE

Sie tragen zwar keine Spur von Blau zur Schau – und trotzdem zählen die sieben Feuerfalterarten aufgrund ihrer Merkmale zu Recht zu den Bläulingen.

Der Kleine Feuerfalter ist die mit Abstand häufigste Art dieser Faltergruppe. Er ist noch in ganz Deutschland verbreitet. Das hübsche Falterchen fliegt über einen ungewöhnlich langen Zeitraum: in insgesamt bis zu vier Generationen von Mitte April bis Ende Oktober – wobei es von Generation zu Generation immer zahlreicher auftritt. Vor allem im Herbst fliegt der Falter oft an warmen sonnigen Böschungen. Die Beobachtungschancen sind hoch, wenn die Böschungen offene Bodenstellen besitzen, die Vegetation insgesamt niedrig ist und hier der Kleine Sauerampfer wächst.

3 TYPISCHE MERKMALE

- Vorderflügel orangerot mit braunem Saum
- Hinterflügel braun mit orangener Binde
- Unterseite der Hinterflügel graubraun

RAUPE

DIE DUKATENFALTER SIND WUNDERSCHÖN GOLDROT.

DUKATEN-FEUERFALTER

HALBIERTE GOLFBÄLLE

Die Raupe sieht nicht so aus, wie man sich eine Schmetterlingslarve vorstellt. Sie ist 2 cm groß, abgeflacht und asselförmig. Mit ihrer grünen Farbe ist sie auf den Blättern des Sauerampfers bestens getarnt. Ihren Kopf versteckt die Raupe meist unter ihrem Körper. So wissen die Fressfeinde nicht, wo vorne und hinten ist. Deutlich leichter als die Raupe findet man die Eier des Falters. Sie sind weiß und sehr filigran – und sehen aus wie winzige halbierte Golfbälle. Bei mir zu Hause entdecke ich sie regelmäßig am Kleinen Sauerampfer im Vorgarten.

LEUCHTET WIE EIN DUKAT

Vor allem in den Mittelgebirgen und den Alpen findet man noch den prächtigen Dukaten-Feuerfalter *(Lycaena virgaureae)*. Die kleinen, wunderschön goldrot gefärbten Falter sind eine Augenweide. Sie leuchten im Sonnenlicht wie eine Goldmünze, ein Dukat – daher der Name. Die ehemals weit verbreitete Falterart ist jedoch deutlich seltener geworden. Sie mag die warmen Winter nicht und muss sich daher in höher gelegene Regionen zurückziehen. Damit gehört die Art zu den Verlierern des Klimawandels.

Sechsfleck-Widderchen

Die Blutströpfchen oder Widderchen sind bunte Falter, die mit ihren einprägsamen Rottönen Feinden signalisieren, dass sie giftig sind.

SECHSFLECK-WIDDERCHEN

STECKBRIEF

NAME: *Zygaena filipendulae* (Widderchen, Zygaenidae)

GRÖSSE: S

FLUGZEIT: Mai bis August in 1 Generation

VORKOMMEN: magere blütenreiche Stellen; häufigstes Blutströpfchen

RAUPEN-NAHRUNGSPFLANZEN: Gewöhnlicher Hornklee

GIFTIG UND GEMÄCHLICH

Die Blutströpfchen werden auch Widderchen genannt. Sie bezaubern uns mit ihren roten Farbtupfern auf den Flügeln. Obwohl sie zu den Nachtfaltern gerechnet werden, fliegen sie nur tagsüber im Sonnenschein. Am besten kann man sie mit den Attributen „giftig, grell, gesellig & gemächlich“ charakterisieren. Die Falter sind giftig, riechen sogar nach Blausäure

3 TYPISCHE MERKMALE

- Vorderflügel mit 6 roten Flecken
- Fühlerspitze schwarz
- Falter riecht nach Blausäure

RAUPE

4G – GIFTIG, GRELL, GESELLIG UND GEMÄCHLICH ...

KLEINES FÜNFFLECK-WIDDERCHEN

und sind ungenießbar. Das zeigen sie allen Fressfeinden mit ihren einprägsamen, herrlichen roten Flecken auf den blauschwarzen Flügeln. Genau diese grelle Warnfarbe macht die Faltergruppe unverwechselbar. Der volkstümliche Name „Blutströpfchen“ ist wirklich gut gewählt.

SCHMETTERLINGE PFLÜCKEN ...

Blutströpfchen sind „gesellig“ und saugen mit Vorliebe an großen violetten Blüten von Wiesen-Witwenblume und Skabiose. Oft sitzen mehrere Falter auf einem einzigen Blütenstand. Anscheinend wissen sie, dass sie keine Fressfeinde zu fürchten brauchen. Denn sie sind derart gemächlich und träge, dass man sie ohne Probleme mit der Hand von den Blüten „pflücken“ kann.

DAS HÄUFIGSTE VON 14 ARTEN

Insgesamt gibt es in Deutschland 14 verschiedene Blutströpfchen. Die meisten Arten sind selten und schwer zu bestimmen. Von allen Blutströpfchen ist das Sechsfleck-Widderchen mit Abstand das häufigste. An den sechs roten Flecken auf den Vorderflügeln ist es gut zu erkennen. Am ehesten findet man es von Mitte Juni bis Anfang August auf mageren blumenreichen Standorten. Auf Trockenrasen können die Falter zuweilen noch sehr häufig sein. Die auffallende gelbe Raupe lebt vor allem an Hornklee. Sie verpuppt sich, wie die aller Blutströpfchen, in einem spindelförmigen, pergamentartigen gelben Kokon.

Zusammen mit dem Sechsfleck-Widderchen kann man zuweilen das deutlich kleinere, nicht so knallig gefärbte Kleine Fünffleck-Widderchen *(Zygaena viciae)* beobachten. Typisch für diese Art sind die namensgebenden fünf Flecken und die durchscheinend wirkenden Flügel.

Mittlerer Weinschwärmer

Die großen schlangenähnlichen Raupen mit ihren vier riesigen Augenflecken sind sehr beeindruckend. Man findet sie häufig in Gärten.

RAUPE MIT RIESIGEN „AUGEN“

KLEINE SCHLANGEN …

Als Fachberater für Schmetterlinge beim Naturschutzbund Deutschland (NABU) erreichen mich zuweilen skurrile Anrufe. So zum Beispiel dieser: „Wir haben große dicke Raupen mit riesigen Augen gesehen, die zucken wie Schlangen!“ Oder: „Wir haben zu Hause kleine dicke Schlangen auf dem Weidenröschen. – Sie brauchen mit mir am Telefon gar nicht zu diskutieren, es sind keine Raupen. Das sind Schlangen!“ Mir als Experte ist dann sofort klar, um was es sich handelt: Es sind die Raupen des Mittleren Weinschwärmers, ein mit dem Taubenschwänzchen verwandter Nachtfalter. Die bis zu 8 cm langen, meist braunen Raupen sind wirklich sehr eindrucksvoll!

FALSCHE AUGEN

Auf ihrem dicken Bruststück besitzen sie vier riesige „Augenflecken“. Werden die Raupen gestört, dann ziehen sie die Kopfkapsel zurück. Die vorderen Segmente blähen sich auf, und die bedrohlich wirkenden Augenflecken werden deutlich sichtbar. So schrecken sie Fressfeinde ab. Verstärkt wird diese Drohgebärde noch durch die merkwürdigen Zuckbewegungen. Dadurch erinnern die Raupen tatsächlich an kleine Schlangen. Von Juli bis September fallen „die kleinen Schlangen“ insbesondere Gartenfreunden häufig auf. Außer am Weidenröschen fressen sie auch an Blutweiderich und Fuchsien.

STECKBRIEF

NAME: *Deilephila elpenor* (Schwärmer, Sphingidae)

GRÖSSE: L

FLUGZEIT: Mai bis August in 1 Generation

VORKOMMEN: an feuchten Stellen; häufig in Gärten und Parks

RAUPEN-NAHRUNGSPFLANZEN: Weidenröschen, Blut-Weiderich, Fuchsie und Springkraut

3 TYPISCHE MERKMALE

- Raupen meist braun, mit 4 riesigen Augenflecken
- bis zu 8 cm lang, dick, „schlangenähnlich“
- Falter weinrot, Flügel wie Düsenjets

EINE SCHWÄRMERRAUPE – KEINE KLEINE DICKE SCHLANGE.

FALTER

RAUPE

WEINROTE DÜSENFLIEGER

Die sehr schönen, weinrot gefärbten Falter fliegen nur nachts. Man findet sie deutlich seltener als die Raupen. Nur ausnahmsweise sieht man sie einmal tagsüber in der Vegetation sitzen. Mit ihren stromlinienförmigen Flügeln sehen sie aus wie kleine Düsenflieger.

Ebenso häufig wie der Mittlere Weinschwärmer ist sein ähnlich aussehender kleinerer Bruder, der Kleine Weinschwärmer *(Deilephila porcellus)*.

Auch seine Raupen haben bedrohlich aussehende Augenflecken. Sie leben an Labkraut.

Russischer Bär

Sie werden begeistert sein, wenn Sie im Hochsommer die herrlichen, im Flug leuchtend roten Falter in lichten Wäldern entdecken.

L V FFH §

RUSSISCHER BÄR

STECKBRIEF

NAME: *Euplagia quadripunctaria* (Bärenspinner, Arctiidae)

GRÖSSE: L

FLUGZEIT: Juli und August in 1 Generation

VORKOMMEN: lichte Wälder mit Wasserdost; warm-offenes Gelände

RAUPEN-NAHRUNGSPFLANZEN: verschiedenen Sträucher und Kräuter, z. B. an Himbeere, Brennnessel und Natternkopf

MEIN LIEBLINGSFALTER

Der Russische Bär ist mein persönlicher Liebling unter den tagaktiven Nachtfaltern. Dabei fallen die sitzenden Falter kaum auf. Erst wenn sie auffliegen, zeigen die Schmetterlinge ihre herrlichen roten Hinterflügel, die wunderschön leuchten. Das wirkt wie ein roter Lichtblitz und soll Angreifer irritieren.

TAG- UND NACHTFALTER AM SOMMERFLIEDER.

RUSSISCHER BÄR UND DISTELFALTER

3 TYPISCHE MERKMALE

- Hinterflügel leuchtend rot
- Vorderflügel schwarz mit weißgelben, schrägen Querbinden
- im Flug auffallend rot

SCHÖNBÄR

TOURISTENATTRAKTION

Auf der griechischen Insel Rhodos ist der Russische Bär sogar eine Touristenattraktion.

Hier im „Schmetterlingstal“ ruhen die Falter im Sommer zu Tausenden dicht gedrängt nebeneinander – bis einer der Guides sie aufscheucht, damit die Gäste ihre roten Hinterflügel im Flug bewundern können. Das weltweit bekannte Massenvorkommen hat wohl dazu beigetragen, dass der schöne Bär als prioritäre Art der Fauna-Flora-Habitat-Richtlinie (FFH) in der EU streng geschützt ist.

KLIMAGEWINNER

Als Klimagewinner hat der prächtige Nachtfalter vor allem in den wärmebegünstigten Gebieten im Westen und Südwesten Deutschlands stark zugenommen. Er breitet sich derzeit in Nordost-Richtung aus. Man kann ihn im Hochsommer in lichten Wäldern beobachten, wenn er im Sonnenschein am Wasserdost Nektar saugt. Jetzt taucht er aber auch häufiger in Gärten am Sommerflieder auf.

NOMEN EST OMEN – DER SCHÖNBÄR

In lichten feuchtkühlen Wäldern fliegt im Sommer tagsüber eine weitere „Bären-Schönheit“. Der blaugrün schillernde Schönbär *(Callimorpha dominula)* besitzt wie der Russische Bär ebenfalls herrlich rote Hinterflügel, ist aber deutlich seltener als dieser.

Jakobskrautbär, Blutbär

Suchen Sie die hübschen gelben, schwarz geringelten Raupen des roten Bärenfalters auf den gelben Blüten des namensgebenden Jakobs-Kreuzkrauts.

M ★ § ☺ 🦋

BLUTBÄR MIT WARNTRACHT

STECKBRIEF

NAME: *Tyria jacobaeae* (Bärenspinner, Arctiidae)

GRÖSSE: M

FLUGZEIT: Mai bis Juli in 1 Generation

VORKOMMEN: Trockenrasen und Ruderalflächen

RAUPEN-NAHRUNGSPFLANZEN: Jakobs-Kreuzkraut

HÜBSCH ROT – ABER GIFTIG

Ein weiterer roter tagaktiver Nachtfalter aus der Familie der „Bären" ist der mittelgroße Blut- oder Jakobskrautbär. Die hübschen Falter zeigen mit ihrer klassischen rot-schwarzen Warntracht, dass sie giftig sind. Man findet sie vor allem im Mai und Juni an offenen, trockenen Örtlichkeiten wie Trockenrasen, Ruderalflächen, Bahnanlagen und Steinbrüchen. Allerdings ist der Blutbär in den letzten Jahren seltener geworden.

GELBE RAUPEN

Deutlich häufiger als den Falter entdeckt man Raupen auf dem Jakobs-Kreuzkraut, auch Jakobs-Greiskraut genannt (Name!). Sie sitzen hier oft in größeren Gruppen nebeneinander und fallen mit ihrer kon-

3 TYPISCHE MERKMALE

- Vorderflügel blaugrauschwarz mit karminroten Streifen
- Hinterflügel rot mit dunklem Rand
- Raupen gelb-schwarz geringelt

GERINGELTE RAUPE

ORDENSBÄNDER: RIESIG, MIT TOLLEN ROTEN HINTERFLÜGELN.

ROTES ORDENSBAND

trastreichen gelb-schwarzen Zeichnung sofort auf.
Es handelt sich um eine Drohfärbung, die Fressfeinde auf ihre Giftigkeit hinweisen soll. Denn die schwarz-gelb geringelten Raupen speichern die Alkaloide ihrer Haupt-Nahrungspflanze, dem Jakobs-Kreuzkraut.
Diese leberschädigenden Gifte der Pflanze können bei Pferden sogar zum Tod führen.

FLIEGENDE ROTE ORDENSBÄNDER

Entfernt mit dem Blutbär verwandt sind die ebenfalls zur Nachtfalter-Familie der Eulen zählenden Ordensbänder. Sie gehören zu den größten Eulenfaltern. Ordensbänder heißen so wegen der bandförmigen farbigen Zeichnungen auf ihren Hinterflügeln. Das häufigste der sieben in Deutschland heimischen Arten ist das Rote Ordensband *(Catocala nupta)*. Die großen Falter fliegen von Juli bis September in Gewässernähe, aber auch in Gärten und Parks. Tagsüber ruhen sie mit flach aneinander gelegten Vorderflügeln an Baumstämmen und Hauswänden und sind dann wegen ihren grauen Vorderflügeln nur schwer zu entdecken. Die Falter lassen sich leicht aufscheuchen; erst dann sieht man die herrlich roten Hinterflügel. Bei schwüler Witterung fliegen die majestätischen Schmetterlinge oft auch tagsüber.

Gewöhnlicher Bläuling

Bei den allermeisten Bläulingen erstrahlen nur die Männchen in verschiedenen Blautönen. Die Weibchen sind dagegen dunkelbraun.

MÄNNCHEN

STECKBRIEF

NAME: *Polyommatus icarus* (Bläulinge, Lycaenidae)

GRÖSSE: S

FLUGZEIT: Mai bis Oktober in 3–4 Generationen

VORKOMMEN: magere trockene Stellen, wo Hornklee wächst

RAUPEN-NAHRUNGSPFLANZEN: Schmetterlingsblütler, vor allem Hornklee

DER HÄUFIGSTE VON 34

Wenn Sie einen der kleinen blauen Falterchen entdecken, dann ist es mit hoher Wahrscheinlichkeit der Gewöhnliche Bläuling. Er ist die häufigste der insgesamt 34 Bläulingsarten in Deutschland. Wie bei fast allen Bläulingen besitzen allerdings auch bei ihm nur die Männchen wunderschön blau gefärbte Flügel. Die unscheinbar braunen Weibchen finden Sie bei der Kennfarbe „Dunkelbraun" auf Seite 96. Selten treten auch blau übergossene Weibchen auf, die den Männchen gleichen.
Die Bläulinge sind nicht leicht voneinander zu unterscheiden. Wichtig für die Bestimmung der verschiedenen Arten ist insbesondere die Unterseite der Flügel. Diese weisen arttypische Fleckenmuster auf: Beim Gewöhnlichen Bläuling sind das schwarze, weiß umrandete Flecken und

3 TYPISCHE MERKMALE

- Männchen: leuchtend blaue Flügel mit weißem Saum
- Weibchen dunkelbraun
- der häufigste Bläuling

PAARUNG, MÄNNCHEN RECHTS

BLAU ÜBERGOSSENES WEIBCHEN

KURZSCHWÄNZIGER BLÄULING

eine Reihe größerer orangefarbiger Randmonde entlang des Flügelrands.

HAUCHECHEL ODER DER GEWÖHNLICHE …

In den Büchern wird „unser" Gewöhnlicher Bläuling oft noch als Hauhechel-Bläuling beschrieben – eine Nahrungspflanze, die nur ausnahmsweise einmal von seinen Raupen genutzt wird. Wenn man die Art mit einem Pflanzennamen belegen wollte, müsste sie Hornklee-Bläuling heißen: Hier saugen die Falter am liebsten, und hieran legen sie am häufigsten ihre Eier ab.

Der Gewöhnliche Bläuling bevorzugt blumenreiche Wiesen und trockene, sonnige Offenflächen wie Sand- und Kiesgruben. Er fliegt vom Frühjahr bis in den Oktober hinein in mindestens drei Generationen.

DER KURZSCHWÄNZIGE …

Neuerdings kann man im südlichen und mittleren Teil Deutschlands häufiger auch den Kurzschwänzigen Bläuling *(Cupido argiades)* entdecken.

Er gehört zu den kleinsten Arten und besitzt an jedem Hinterflügel ein unverkennbares Minischwänzchen.

Dieser wunderschöne zierliche Bläuling breitet sich in den letzten Jahren immer weiter nach Norden aus. Die ehemals typische Art warmer feuchter Flussauen gehört zu den Gewinnern des Klimawandels.

Garten-Bläuling

Wenn in Ihrem Garten Blutweiderich oder Heidekraut wachsen, wird sich der Garten-Bläuling wahrscheinlich bei Ihnen ansiedeln.

WEIBCHEN

STECKBRIEF

NAME: *Celastrina argiolus* (Bläulinge, Lycaenidae)

GRÖSSE: S

FLUGZEIT: April bis September in 2–3 Generationen

VORKOMMEN: Gärten, Parks und lichte Waldgebiete

RAUPEN-NAHRUNGSPFLANZEN: Blutweiderich, Efeu, Heidekraut u. v. a.

INMITTEN VON GROSSSTÄDTEN

Der Garten-Bläuling hat es in den letzten Jahrzehnten geschafft, aus den lichten Wäldern in die Siedlungen vorzudringen. Er fliegt mittlerweile sogar in Grünflächen inmitten von Großstädten. Ja, selbst in den durchgestylten Gärten der Neubaugebiete ist er recht häufig anzutreffen.

RAUPEN AN ÜBER 20 PFLANZENFAMILIEN

Der Garten-Bläuling ist derzeit in Europa *die* Tagfalterart mit dem breitesten Wirtspflanzenspektrum: Insgesamt fressen die Raupen an Stauden und Sträuchern aus über 20 Pflanzenfamilien! Darunter sind sogar eine Reihe von exotischen Arten wie Blauregen oder Schmetterlingsflieder. In Gärten und Stadtparks legen die Weibchen hauptsächlich an Blut-

3 TYPISCHE MERKMALE

- Unterseite weißlichgrau, ohne orangefarbige Randmonde
- beide Geschlechter blau
- Weibchen mit breitem dunklem Rand

EIABLAGE AM FAULBAUM

EI

ROTKLEE-BLÄULING

weiderich, Efeu, Heidekraut oder Liguster ab – weitaus häufiger als an dem (früher) namensgebenden Faulbaum. Deshalb hat man die Art auch vom wenig aussagekräftigen „Faulbaum-Bläuling“ in „Garten-Bläuling“ umbenannt.
Der Bläuling besitzt eine weitere Besonderheit: Beide Geschlechter sind blau! Und er ist der erste Bläuling im Jahr: Schon Anfang April durchstreift er unsere Gärten.

LEICHT NEU ANZUSIEDELN

Sie können den hübschen Bläuling leicht in Ihrem Garten ansiedeln: Pflanzen Sie eine Gruppe von dekorativem Blutweiderich an den Tümpelrand. Dann wird der Bläuling hier mit hoher Wahrscheinlichkeit an den Blütenknospen Eier ablegen. Unterstützen können Sie das noch durch die Hausbegrünung mit Efeu und Blauregen sowie einigen Heidekrautpflanzen, Brombeeren und Liguster, an denen die Raupen ebenfalls gern fressen. Eine weitere verbreitete Bläulingsart ist der Rotklee-Bläuling *(Cyaniris semiargus)*. Auch bei ihm fehlen die orangefarbenen Randmonde auf der Unterseite. Die Weibchen sind im Unterschied zum Garten-Bläuling aber einfarbig dunkelbraun. Die Raupen fressen an Rotklee. Wenn Sie ihn in Ihrer Wiese wachsen lassen, haben Sie eine gute Chance, den hübschen Bläuling in Ihren Garten zu locken.

Himmelblauer Bläuling

Das strahlendste Blau von allen Bläulingen besitzt der „Himmelblaue". Man findet ihn nur in ganz speziellen Biotopen, den Trockenrasen.

S RL3 §

HIMMELBLAUES MÄNNCHEN

STECKBRIEF

NAME: *Lysandra bellargus* (Bläulinge, Lycaenidae)

GRÖSSE: S

FLUGZEIT: Mai bis September in 2 Generationen

VORKOMMEN: Kalk-Trockenrasen

RAUPEN-NAHRUNGSPFLANZEN: Hufeisenklee

DER ALLERSCHÖNSTE DER SCHÖNEN

Bei den hübschen Bläulingen gibt es eine Vielzahl an unterschiedlichen Blautönen. Am schönsten ist das Blau des „Schönen Argus" (so heißt sein wissenschaftlicher Name): Seine Flügel strahlen und leuchten wunderbar – wie das Blau des Himmels. Der Name „Himmelblauer Bläuling" könnte nicht besser gewählt sein!

DIE RAUPEN VOM HIMMELBLAUEN WERDEN VON AMEISEN BECIRCT.

RAUPE MIT AMEISE

3 TYPISCHE MERKMALE

- Männchen leuchtend himmelblau
- Flügelrand schwarz-weiß gescheckt
- Unterseite ähnlich wie die des Gewöhnlichen Bläulings

SILBER-BLÄULING, MÄNNCHEN

LEBENSRAUM KALK-TROCKENRASEN

Wie die meisten Bläulingsarten fliegt auch der Himmelblaue vorzugsweise in warmen, trockenen Gebieten auf Kalkboden, den sogenannten Kalk-Trockenrasen. Diese sind in Deutschland, ebenso wie die an diesen extremen Lebensraum angepassten Falter, selten geworden. Es gibt sie fast nur noch im südlichen und mittleren Deutschland.
Auf den bunten Trockenrasen suchen sich die Weibchen zur Eiablage spezielle Schmetterlingsblütler. Beim Himmelblauen ist es der Hufeisenklee, der nur auf „armen" Kalkböden wächst.

SYMBIOSE MIT AMEISEN

Wie viele Bläulingsraupen leben auch die kleinen grünen Raupen vom Himmelblauen Bläuling in Gesellschaft mit Ameisen. Diese beschützen die Raupen. Dafür erhalten sie von ihnen als Belohnung aus speziellen „Honigdrüsen" Tröpfchen eines zuckerhaltigen Sekrets.

SILBRIGBLAU

Der recht große Silber-Bläuling *(Lycaena coridon)* ist, wie der Name schon sagt, unverkennbar hell silbrigblau gefärbt.
Er fliegt in den gleichen Lebensräumen wie der Himmelblaue Bläuling.
Seine Weibchen legen auch an der gleichen Wirtspflanze, dem Hufeisenklee, ab. Die schönen Falter fliegen erst ab Juli und bilden nur eine Generation im Jahr aus. Der Silber-Bläuling fehlt wie der Himmelblaue in Norddeutschland.

Gewöhnliches Grünwidderchen

Die kleinen Grünwidderchen glänzen metallisch grün. Die wunderschönen Falter fliegen auf blumenreichen Feuchtwiesen.

S V §

VIELE FALTER AUF EINER BLÜTE

STECKBRIEF

NAME: *Adscita statices* (Widderchen, Zygaenidae)

GRÖSSE: S

FLUGZEIT: Mitte Mai bis August in 1 Generation

VORKOMMEN: Feuchtwiesen

RAUPEN-NAHRUNGSPFLANZEN: Sauerampfer

DIE EINZIGEN GRÜNEN TAGSCHMETTERLINGE

Die Grünwidderchen sind ganz besondere Falter. Ihre Flügel glänzen herrlich metallisch grün. Oft tendiert ihre Schillerfarbe ins Gelbliche oder Bläuliche. Die kleinen Falter sind eine Augenweide – man muss allerdings näher hinschauen, um das zu erkennen. Eigentlich gehören die Grünwidderchen wie die verwandten Rotwidderchen zu den Nachtfaltern; sie fliegen wie diese aber ausschließlich tagsüber im Sonnenschein. Da es bei den

3 TYPISCHE MERKMALE

- metallisch glänzende grüne Flügel
- Männchen mit gefiederten Fühlern
- Fühler der Weibchen fadenförmig

MÄNNCHEN

LEBENSRAUM BUNTE FEUCHTWIESE.

SAUGPFLANZE KUCKUCKS-LICHTNELKE

Tagfaltern bei uns keine Arten mit grüner Flügeloberseite gibt, kann man sie als die einzigen grünen Tagschmetterlinge bezeichnen.

99 PROZENT SICHERHEIT

Insgesamt gibt es in Deutschland acht verschiedene Arten an Grünwidderchen. Diese können aber nur von Spezialisten unterschieden werden. Wenn Sie eines der herrlichen grünen Tierchen sehen, handelt es sich mit 99-prozentiger Wahrscheinlichkeit um das Gewöhnliche Grünwidderchen, die einzige noch häufigere Art.

AUF KUCKUCKS-LICHTNELKEN

Das Gewöhnliche Grünwidderchen fliegt vor allem auf nährstoffarmen, bunten Feuchtwiesen. In der Regel sitzen die Falter hier auf den rosafarbenen Blüten der Kuckucks-Lichtnelken. Oft sieht man auf einer einzigen Blüte sogar mehrere Falter sitzen. Denn auf den Wiesen, wo die Falter vorkommen, sind sie meist häufig zu sehen. Dort sind dann 100 und mehr Falter keine Seltenheit.

Die Falter sind genauso träge wie die Rotwidderchen. Auch sie fliegen nicht weg, wenn man sich ihnen nähert. Wenn man ihnen behutsam einen Finger entgegenstreckt, klettern sie bisweilen sogar drauf!

Die Weibchen legen ihre gelben Eier in kleinen Gruppen an Sauerampferarten ab. Die grünen Raupen überwintern.

Noch mehr bunte Falter

Auf dieser Doppelseite finden Sie farbenfrohe Falter mit blauen, roten oder grünen Flügeln. Viele dieser „bunten“ Arten gehören zu den Kostbarkeiten der heimischen Schmetterlingsfauna. Sie leben meist nur in ganz speziellen Lebensräumen und sind in der Regel selten anzutreffen.

Esparsetten-Widderchen

Zygaena carniolica

S V §

Das Esparsetten-Widderchen ist eines der schönsten Blutströpfchen. Es fliegt im Sommer auf Trockenrasen. Abends versammeln sich die Falter auf der Spitze von Blüten zu Schlafgemeinschaften.

Purpur-Widderchen

Zygaena purpuralis

S RL2 §

Das Purpur-Widderchen fällt durch seine drei breiten, roten Längsstreifen auf den Vorderflügeln auf. Wie das Esparsetten-Widderchen fliegt es auf Kalk-Trockenrasen.

Lilagold-Feuerfalter

Lycaena hippothoe

S RL2 §

Der schöne Feuerfalter macht seinem Namen alle Ehre: Die roten Flügel der Männchen sind blauviolett übergossen – sie leuchten lilagold. Der Falter ist selten geworden. Er fliegt auf sumpfigen Wiesen.

Violetter Feuerfalter

Lycaena alciphron

S RL2 §

Die Männchen dieses Feuerfalters schillern wunderschön violett – das gibt es bei kaum einer anderen Schmetterlingsart. Der seltene Bläuling fliegt von Juni bis August auf Trockenrasen und Bergwiesen.

Alexis-Bläuling

Glaucopsyche alexis

S RL3 §

Den Alexis-Bläuling kann man an seiner smaragdgrünen Bestäubung auf der Unterseite der Hinterflügel erkennen. Die wärmebedürftige Art fliegt von Mai bis Juli an Waldsäumen und auf Brachen.

Thymian-Ameisenbläuling

Phengaris arion

M RL3 §

Die seltene Trockenrasenart gehört zu unseren größten Bläulingen. Ihre Raupen werden von Ameisen in ihre Nester getragen, überwintern hier und fressen deren Nachwuchs auf.

Weißfleck-Widderchen

Amata phegea

M RL3 §

Der ausschließlich tagaktive Nachtfalter sieht wie ein Widderchen aus (Name!), ist aber ein Bärenspinner. Seine Flügel leuchten dunkelblau. Die schöne Art fliegt vor allem in Ostdeutschland.

Grüner Zipfelfalter

Callophrys rubi

S V

Der kleine Zipfli ist der einzige Tagfalter bei uns, der grün gefärbt ist. Allerdings nur auf der Unterseite – womit er super getarnt ist. Die Flügeloberseite ist eintönig dunkelbraun.

Grünes Blatt

Geometra papilionaria

M

Der größte der zwölf heimischen Grünspanner ist zugleich der schönste. Dank der grünen Farbe sind die Nachtfalter in der Vegetation ausgezeichnet getarnt. Daher sind sie tagsüber schwer zu entdecken.

Grüne Eicheneule

Griposia aprilina

M

Der hübsche, markant „aprilgrün“ (Name!) gefärbte Nachtfalter ist noch recht häufig. Man kann den Eulenfalter im Herbst (!) an Hauswänden, Mauern oder Baumstämmen in Eichenwäldern entdecken.

Herausragende Faltergebiete in Deutschland

SCHLESWIG-HOLSTEIN

1 NSG Schäferhaus bei Flensburg
2 ehemaliger Truppenübungsplatz Höltigbaum Hamburg

NIEDERSACHSEN

3 Lüneburger Heide

MECKLENBURG-VORPOMMERN

4 Peenewiesen bei Gützkow

BRANDENBURG UND BERLIN

5 Kyritz-Ruppiner Heide/NW Berlin
6 Odertal zwischen Gartz und Frankfurt
7 Döbritzer Heide W Berlin

SACHSEN-ANHALT

8 Südharz/Gipskarstlandschaft bei Questenberg
9 Saaletal bei Naumburg

NORDRHEIN-WESTFALEN

10 Kalk-Eifel um Blankenburg und Nettersheim

Wo Orchideen blühen, fliegen viele Falter.

THÜRINGEN

11 Südabhang Kyffhäuser (zwischen Bad Frankenhausen und Rottleben)
12 Hohe Geba

SACHSEN

13 Elbtal zwischen Dresden und Riesa
14 Erzgebirge (Hochmoore und Bergwiesen)

Kleine Forscherin mit Admiral.

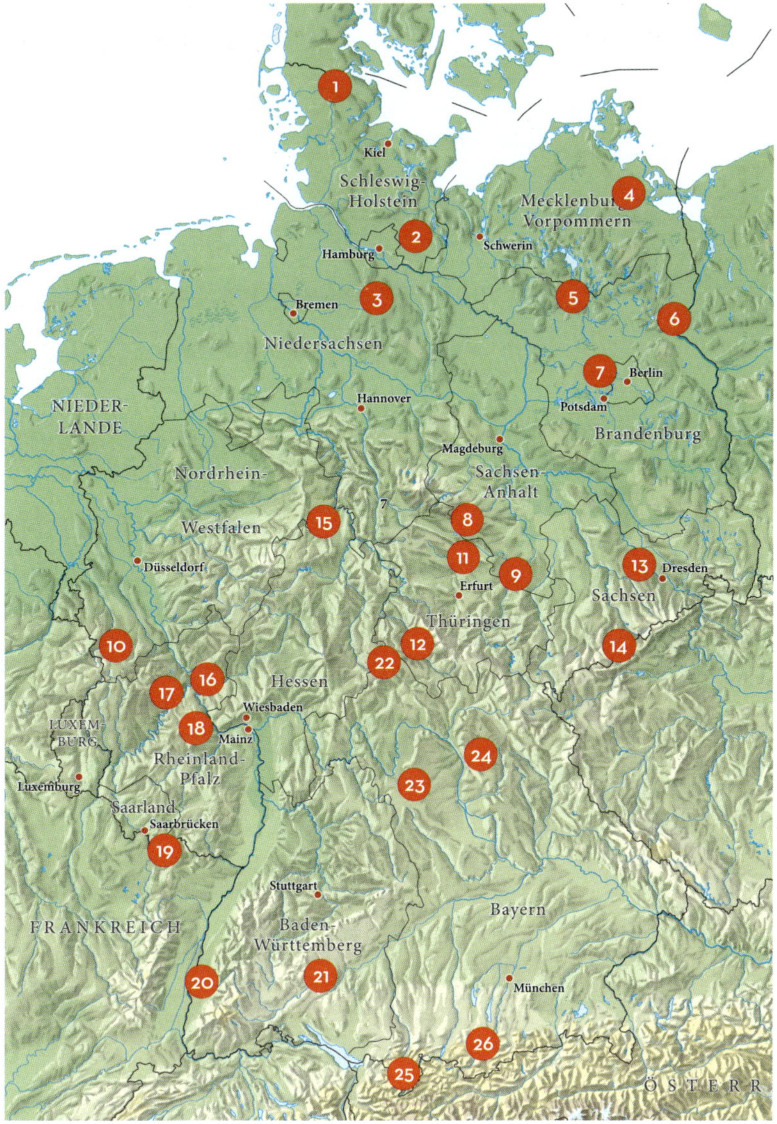

HESSEN

15 Schmetterlingssteig Diemeltal (Warburg – Bad Karlshafen)

RHEINLAND-PFALZ

16 Mittelrheintal
17 Moseltal/Apolloweg bei Valwig nahe Cochem
18 Nahetal (Schlossböckelheim bis Bad Münster am Stein)

SAARLAND

19 Orchideen-Pfad Gersheim/Biosphäre Bliesgau

BADEN-WÜRTTEMBERG

20 Trockenrasen im Kaiserstuhl (Oberbergen)
21 Schwäbische Alb (z. B. Albtäler und Oberes Donautal)

BAYERN

22 Hohe Rhön
23 Vorderer Steigerwald
24 Fränkische Alb
25 Alpen bei Oberstdorf
26 Murnauer Moos, Staffelsee/Moor

Schmetterlingsgärten in Deutschland

SCHLESWIG-HOLSTEIN

1 **Garten der Schmetterlinge.** Am Schlossteich 8, 21521 Aumühle-Friedrichsruh. www.gartenderschmetterlinge.de

MECKLENBURG-VORPOMMERN

2 **Schmetterlingspark Klütz Ostsee.** An der Festwiese 2, 23948 Klütz. www.schmetterlingswelt.de

3 **Schmetterlingsfarm Trassenheide.** Wiesenweg 5, 17449 Trassenheide/ Insel Usedom. www.schmetterlingsfarm.de

NIEDERSACHSEN

4 **Schmetterlingsgarten im Erlebnispark Emsflower.** Carl-von-Linné-Straße 1, 48488 Emsbüren. www.emsflower.de/de/besucher

5 **Schmetterlingsfarm Steinhude.** Am Knick 5, 31515 Wunstorf/ Steinhude. www.schmetterlingsfarmsteinhude.de

6 **Schmetterlings-Park Buchholz.** Zum Mühlenteich 2, 21244 Buchholz/ Nordheide www.schmetterlingspark-nordheide.de

7 **Alaris Schmetterlingspark Uslar.** Zur Schwarzen Erde, 37170 Uslar. www.schmetterlingspark.org

SACHSEN-ANHALT

8 **Alaris Schmetterlingspark Wittenberg.** Rothemarkstraße 131, 06886 Lutherstadt Wittenberg. www.schmetterlingspark-wittenberg.de

9 **Schmetterlingshaus im Elbauenpark Magdeburg.** Tessenowstraße 7, 39114 Magdeburg. www.elbauenpark.de/de/attraktion/ schmetterlingshaus

SACHSEN

10 **Schmetterlingshaus im Botanischen Garten der Uni Leipzig.** Linnéstr. 1, 04103 Leipzig. www.bota.uni-leipzig.de/ schmetterlingshaus

11 **Schmetterlingshaus Jonsdorf.** Zittauer Straße 24, 02796 Jonsdorf. www.schmetterlingshaus.info

NORDRHEIN-WESTFALEN

12 **Schmetterlingshaus im Maximilianpark Hamm.** Alter Grenzweg 2, 59071 Hamm/Westfalen. www.maximilianpark.de/attraktion/ schmetterlingshaus

13 **SchmetterlingsDschungel im Krefelder Zoo.** Uerdinger Straße 377, 47800 Krefeld. www.zookrefeld.de/tierwelten/ schmetterlingsdschungel

14 **Eifalia Schmetterlingsgarten.** Am Hammerwerk 2, 53945 Ahrhütte/ Blankenheim. www.eifalia-schmetterlingsgarten.de

RHEINLAND-PFALZ

15 **Garten der Schmetterlinge Schloss Sayn**. Schloss Straße 100, 56170 Bendorf bei Koblenz. www.sayn.de/garten-der-schmetterlinge

HESSEN

16 **Schmetterlingshaus im Botanischen Garten der Uni Marburg.** Karl-von-Frisch-Straße, 35032 Marburg. www.uni-marburg.de/de/botgart/ neuer-garten/gewaechshaeuser/ schmetterlingshaus

17 Palmengarten mit Schmetterlingshaus. Siesmayerstraße 63, 60323 Frankfurt. www.palmengarten.de

BADEN-WÜRTTEMBERG

18 Schmetterlingshaus im Luisenpark. Theodor-Heuss-Anlage 2, 68165 Mannheim. www.luisenpark.de/tiere /einrichtungen/schmetterlingshaus

19 Schmetterlingshalle in der Wilhelma/ Zoo Stuttgart. Wilhelma 13, 70376 Stuttgart. www.wilhelma.de/de/tiere-und-pflanzen/pflanzen/ schmetterlingshalle.html

20 Schmetterlingshaus auf der Blumeninsel Mainau. 78465 Insel Mainau/ Konstanz-Bodensee. https://www.mainau.de/de/mainau-entdecken.html

FRANKREICH

21 Jardins des papillons/Schmetterlingsgarten Hunawihr Elsass. Route de Ribeauvillé 68, F-68150 Hunawihr. www.jardinsdespapillons.fr

LUXEMBURG

22 Jardin des papillons/ Schmetterlingsgarten Grevenmacher/ Luxemburg. 56 Route de Trèves, L-6793 Grevenmacher. www.papillons.lu/de/der-garten

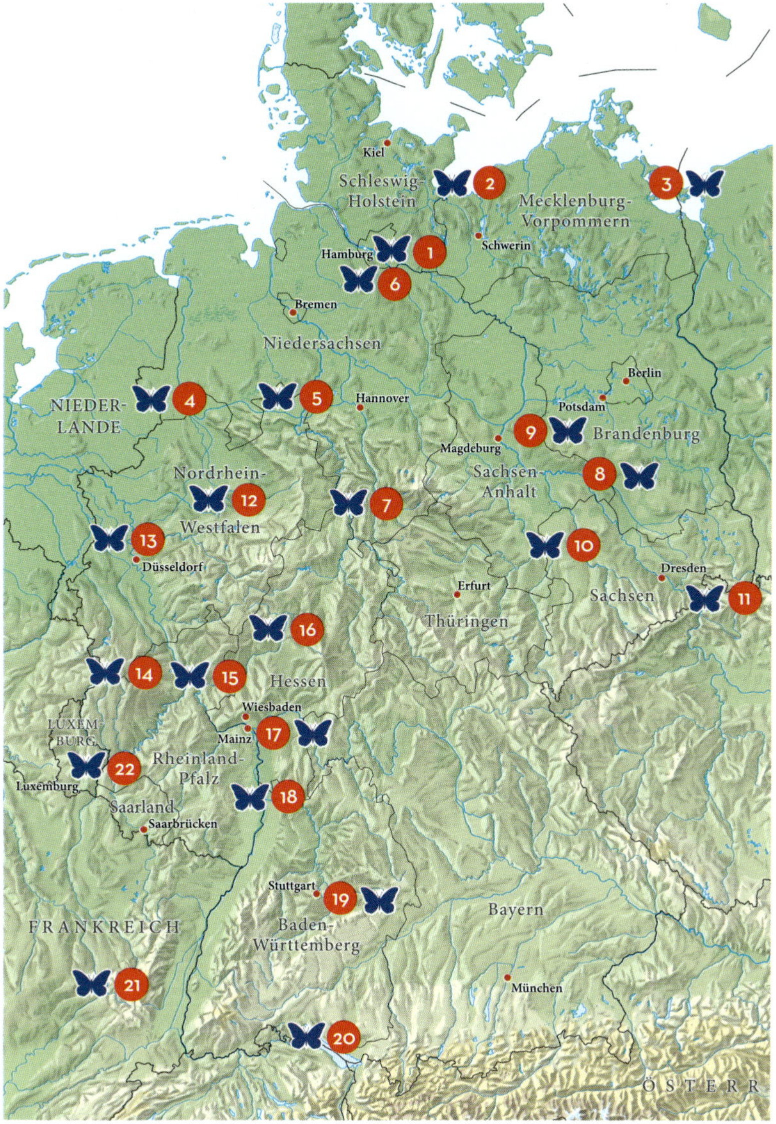

REGISTER

A

Abendpfauenauge 48
Acherontia atropos 108
Acker-Witwenblume 14
Admiral 44 f.
Adscita statices 128
Aglais io 48
Aglais urticae 50
Aglia tau 68
Alcea rosea 15
Alexis-Bläuling 131
Alliaria petiolata 15
Amata phegea 131
Ameisenbläuling, Thymian- 131
Ampfer-Purpurspanner 82
Anania hortulata 37
Anethum graveolens 15
Anthocharis cardamines 22 f.
Apatura ilia 87
Apatura iris 86
Aphantopus hyperantus 91
Apollo, Hochalpen- 21
Apollofalter 20 f.
Aporia crataegi 36
Araschnia levana 54
Archiearis parthenias 83
Arctia caja 78
Argus-Bläuling 96 f.
Argynnis paphia 40 f.
Aricia agestis 97
Augenfalter 32, 61
Aurorafalter 22 f.
Autographa gamma 104 f.

B

Bär, Brauner 76 f.
Bär, Russischer 118 f.
Bärenspinner 118
Baum-Weißling 36
Birken-Jungfernkind 83
Blatt, Grünes 131
Blattspanner, Ockergelber 74 f.
Blauer Eichen-Zipfelfalter 94 f.
Bläuling, Alexis- 131
Bläuling, Argus- 96 f.
Bläuling, Faulbaum- 124 f.
Bläuling, Garten- 124 f.
Bläuling, Geißklee- 97
Bläuling, Gewöhnlicher 122 f.
Bläuling, Hauhechel- 122 f.
Bläuling, Himmelblauer 126 f.
Bläuling, Kleiner Sonnenröschen- 97
Bläuling, Kurzschwänziger 123
Bläuling, Rotklee- 125
Bläuling, Silber- 127
Bläuling, Zwerg- 108
Bläulinge 94, 111
Blutbär 120 f.
Blutströpfchen 111
Blutweiderich 15
Brassica oleracea 15
Braunauge 61
Braun-Dickkopffalter, Großer 83
Braune Tageule 106 f.
Brauner Bär 78 f.
Brauner Waldvogel 91
Breitflügeliger Fleckleibbär 37
Brennnesselecke 12
Brennnesseln 15
Brennnesselzünsler 37
Brenthis daphne 41
Brenthis ino 82
Brintesia circe 92
Brombeer-Perlmuttfalter 41
Brombeerspinner 108
Buchsbaumzünsler 34 f.
Buddleija 12
Bunte Falter 110 ff.

C

Callimorpha dominula 119
Callophrys rubi 131
Calluna vulgaris 15
Camptogramma bilineata 74
Carcharodus alceae 98
Catocala nupta 121
Celastrina argiolus 124 f.
Centranthus ruber 14
C-Falter 52 f.
Chiasmia clathrata 36
Coenonympha arcania 65
Coenonympha pamphilus 64 f.
Colias crocea 28 f.
Colias hyale 29
Cossus cossus 109
Crambidae 34
Cupido argiades 123
Cupido minimus 108
Cyaniris semiargus 125
Cydalima perspectalis 34

D

Danaus plexippus 82
Deilephila elpenor 116
Deilephila porcellus 117
Diacrisia purpurata 83
Diacrisia sannio 82
Dianthus carthusianorum 14
Dickkopffalter 98 f.
Dickkopffalter, Dunkler 99
Dickkopffalter, Großer Braun- 83 f.
Dickkopffalter, Kleiner Würfel- 99
Dickkopffalter, Malven- 98 f.
Dill 15
Distelfalter 45, 46 ff.
Dost 14
Dukaten-Feuerfalter 113
Dunkelbraune Falter 84 ff.
Dunkler Dickkopffalter 99

E

Echium vulgare 14
Echter Fenchel 15
Edelfalter 32, 38 ff.
Eicheneule, Grüne 131
Eichen-Prozessionsspinner 100 f.
Eichenspinner 67
Eilema lurideola 109
Eisvogel, Großer 108
Eisvogel, Kleiner 55
Ematurga atomaria 75
Epirrhoe alternata 109
Erannis defoliaria 76
Erebia euryale 89
Erebia ligea 88 f.
Erebia medusa 89
Erica carnea 14
Erynnis tages 99
Esparsetten-Widderchen 130

Euclidia glyphica 106
Euclidia mi 107
Eulenfalter 80, 104 f.
Euphydryas aurinia 82
Euplagia quadripunctaria 118

F
Falter, bunte 110 ff.
Falter, C- 52 f.
Falter, dunkelbraune 84 ff.
Falter, gelbe 16 ff.
Falter, graue 84 ff.
Falter, hellbraune 38 ff.
Falter, orange-rote 38 ff.
Falter, schwarze 84 ff.
Falter, weiße 16 ff.
Faltergebiete in Deutschland 132 f.
Faulbaum-Bläuling 125
Favonius quercus 94
Federmotte, Weiße Winden- 37
Feld-Thymian 14
Fenchel, Echter 15
Feuerfalter 111
Feuerfalter, Dukaten- 113
Feuerfalter, Kleiner 112 f.
Feuerfalter, Lilagold- 130
Feuerfalter, Violetter 130
Flechtenbärchen, Grauleib- 109
Fleckleibbär, Breitflügeliger 37
Foeniculum vulgare 15
Frostspanner, Großer 76 f.
Frostspanner, Kleiner 77, 102 f.
Früher Mohrenfalter 89
Fuchs, Großer 51
Fuchs, Kleiner 50 f.
Fünffleck-Widderchen 115

G
Gammaeule 104 f.
Garten-Bläuling 124 f.
Geißklee-Bläuling 97
Gelbe Falter 16 ff.
Gelbling, Gewöhnlicher 29
Gelbling, Wander- 28 f.
Gelbspanner 36
Geometra papilionaria 131
Gespinstmotte, Pflaumen- 37
Gewöhnlicher Bläuling 122 f.
Gewöhnlicher Gelbling 29
Gewöhnlicher Scheckenfalter 58 f.
Gewöhnliches Grünwidderchen 128 f.
Gewöhnliches Wiesenvögelchen 64 f.
Gipfelbalz 19
Gitterspanner, Klee- 36
Glasflügler, Hornissen- 73
Glaucopsyche alexis 131
Goldener Scheckenfalter 82
Gonepteryx rhamni 30
Gräser 15
Graubinden-Labkrautspanner 109
Graue Falter 84 ff.
Grauleib-Flechtenbärchen 109
Griposia aprilina 131
Großer Braun-Dickkopffalter 83
Großer Eisvogel 108
Großer Frostspanner 76
Großer Fuchs 51
Großer Kohlweißling 24 f.
Großer Perlmuttfalter 42 f.
Großer Schillerfalter 86 f.
Großes Nachtpfauenauge 48
Großes Ochsenauge 62 f.
Grünader-Weißling 27
Grüne Eicheneule 131
Grüner Zipfelfalter 131
Grünes Blatt 131
Grünwidderchen 111
Grünwidderchen, Gewöhnliches 128 f.

H
Hauhechel-Bläuling 123
Hausmutter 83
Heide, Schnee- 14
Heidekraut 15
Heide-Tagspanner 77
Hellbraune Falter 38 ff.
Hemaris fuciformis 72
Hemaris tityus 73
Hilltopping 19
Himmelblauer Bläuling 126 f.
Hipparchia semele 93
Hochalpen-Apollo 21
Hornissen-Glasflügler 73
Hornklee 14
Hornkraut-Tageulchen 107
Huflattich 15
Hummelschwärmer 72 f.

I
Iberis sempervirens 14
Iphiclides podalirius 19
Issoria lathonia 43

J
Jakobskrautbär 120 f.
Jungfernkind, Birken- 83

K
Kaisermantel 40 f., 67
Kapuzinerkresse 15
Karst-Weißling 27
Karthäusernelke 14
Klee-Gitterspanner 36
Kleinblütige Königskerze 14
Kleiner Eisvogel 55
Kleiner Feuerfalter 112 f.
Kleiner Frostspanner 77, 102 f.
Kleiner Fuchs 50 f.
Kleiner Kohlweißling 26 f.
Kleiner Schillerfalter 87
Kleiner Sonnenröschen-Bläuling 97
Kleiner Weinschwärmer 117
Kleiner Würfel-Dickkopffalter 99
Kleines Nachtpfauenauge 48, 68 f.
Kleinschmetterlinge 6 f., 34
Kleinspanner, Marmorierter 109
Knautia arvense 14
Knoblauchsrauke 15
Kohl 15
Kohlpflanzen 12

Kohlweißling 12
Kohlweißling, Großer 24 f.
Kohlweißling, Kleiner 26 f.
Königskerze, Kleinblütige 14
Königskerze, Mehlige 14
Kurzschwänziger Bläuling 123

L
Labkrautspanner, Graubinden- 109
Landkärtchen 54 f.
Lasiocampa quercus 67
Lasiommata maera 61
Lasiommata megera 60
Lavandula angustifolia 14
Lavendel 14
Leptidea juvernica 36
Leptidea sinapis 36
Lilagold-Feuerfalter 130
Limenitis camilla 55
Limenitis populi 108
Lindenschwärmer 83
Lotus corniculatus 14
Lycaena alciphron 130
Lycaena coridon 127
Lycaena hippothoe 130
Lycaena phlaeas 112
Lycaena virgaureae 113
Lymantria dispar 83
Lysandra bellargus 126
Lythria cruentaria 82
Lythrum salicaria 15

M
Macdunnoughia confusa 105
Macroglossum stellatarum 70
Mädesüß-Perlmuttfalter 82
Malacosoma rubi 108
Malva moschata 15
Malven-Dickkopffalter 98 f.
Maniola jurtina 62
Marmorierter Kleinspanner 109
Mauerfuchs 60 f.
Mehlige Königskerze 14
Melanargia galathea 32
Melitaea cinxia 58
Metamorphose 6 f.
Mimas tiliae 83
Mittlerer Weinschwärmer 116 f.
Mohrenfalter, Früher 89
Mohrenfalter, Weißbindiger 88 f.
Mohrenfalter, Weißbindiger Bergwald- 89
Mohrenspanner 109
Monarch 82
Moschusmalve 15

N
Nachtfalter 6 f.
Nachtfalter, tagaktive 36 ff.
Nachtpfauenauge, Großes 48
Nachtpfauenauge, Kleines 48, 68 f.
Nagelfleck 66 f.
Natternkopf 14
Nesselzünsler 109
Nierenfleck-Zipfelfalter 95
Noctua pronuba 83
Nymphalidae 32, 40 ff.
Nymphalis antiopa 56
Nymphalis polychloros 51

O
Ochlodes sylvanus 83
Ochsenauge, Großes 62 f.
Ochsenauge, Rotbraunes 63
Ockerbindiger Samtfalter 93
Ockergelber Blattspanner 74 f.
Odezia atrata 109
Operophtera brumata 76, 102
Opisthograptis luteolata 36
Orange-rote Falter 38 ff.
Ordensband, Rotes 121
Origanum vulgare 14

P
Panemeria tenebrata 107
Pantherspanner 37
Papilio machaon 18
Papilionidae 18 ff.
Pararge aegeria 90
Parnassius apollo 20
Parnassius phoebus 21
Perlmuttfalter, Großer 42 f.
Perlmuttfalter, Brombeer- 41
Perlmuttfalter, Mädesüß- 82
Perlmuttfalter, Wander- 43
Pfauenspinner 68 ff.
Pflaumen-Gespinstmotte 37
Phengaris arion 131
Phragmatobia fuliginosa 79
Pieridae 22 ff.
Pieris brassicae 24
Pieris mannii 27
Pieris napi 27
Pieris rapae 26
Plebejus argus 96
Pleuroptya ruralis 109
Polygonia c-album 52
Polyommatus icarus 122
Posthörnchen 28
Postillon 28
Prozessionsspinner, Eichen- 100 f.
Pseudopanthera macularia 37
Pterophorus pentadactyla 37
Purpurbär 81
Purpurspanner, Ampfer- 82
Purpur-Widderchen 130
Pyrgus malvae 99
Pyronia tithonus 63

R
Raupen 7
Ritterfalter 18 ff.
Rostbär 79
Rostbinde 93
Rotbraunes Ochsenauge 63
Rote Spornblume 14
Rotes Ordensband 121
Rotklee 15
Rotklee-Bläuling 125
Rotrandbär 80 f.
Russischer Bär 118 f.

S
Samtfalter, Ockerbindiger 93
Saturnia pavonia 48, 68
Saturnia pyri 48
Schachbrett 32 f.
Schafgarben-Silbereule 105
Scheckenfalter, Gewöhnlicher 58 f.
Scheckenfalter, Goldener 82
Scheck-Tageule 107
Schillerfalter, Großer 86 f.
Schillerfalter, Kleiner 87
Schleifenblume 14
Schmalflügel-Weißling 36
Schmetterlinge ansiedeln 12 f.
Schmetterlinge schützen 12 f.
Schmetterlingsflieder 12, 15
Schmetterlingsgarten 12 f.
Schmetterlingsgärten in Deutschland 134 f.
Schmetterlingsraupen 7
Schmetterlingsspirale anlegen 13

Schmetterlingsspirale, Pflanzen 14 f.
Schnee-Heide 14
Schönbär 119
Schwalbenschwanz 18 f.
Schwammspinner 83
Schwärmer 70
Schwarzaderspanner, Weißer 37
Schwarze Falter 84 ff.
Schwarzspanner 109
Scoliopteryx libatrix 83
Scopula immorata 109
Sechsfleck-Widderchen 114 f.
Segelfalter 19
Sesia apiformis 73
Silber-Bläuling 127
Silbereule, Schafgarben- 105
Silberstrich 40
Siona lineata 37
Skabiosenschwärmer 73
Smerinthus ocellata 48
Spanner 102
Speyeria aglaja 42
Spilosoma lubricipeda 37
Spornblume, Rote 14
Stockrose 15
Symbole 10 f.

T

Tagaktive Nachtfalter 36 ff.
Tageulchen, Hornkraut- 107
Tageule, Braune 106 f.
Tageule, Scheck- 107
Tagfalter 6 f.
Tagpfauenauge 48 f.
Tagspanner, Heide- 77
Taubenschwänzchen 70 f.
Thaumetopoea processionea 100
Thecla betulae 95
Thymian, Feld- 14
Thymian-Ameisenbläuling 131
Thymus serpyllum 14
Totenkopfschwärmer 108
Trauermantel 56 f.
Trifolium pratense 15
Tropaeolum majus 15
Tussilago farfara 15
Tyria jacobaeae 120

U

Urtica dioica 15

V

Vanessa atalanta 44
Vanessa cardui 45 f.
Verbascum lychnitis 14
Verbascum thapsus 14
Violetter Feuerfalter 130

W

Waldbrettspiel 90 f.
Waldportier, Weißer 92
Waldvogel, Brauner 91
Wander-Gelbling 28 f.
Wander-Perlmuttfalter 43
Weidenbohrer 109
Weinschwärmer, Kleiner 117
Weinschwärmer, Mittlerer 116 f.
Weißbindiger Bergwald-Mohrenfalter 89
Weißbindiger Mohrenfalter 88 f.
Weißbindiges Wiesenvögelchen 65
Weiße Falter 16 ff.
Weiße Winden-Federmotte 37
Weißer Schwarzaderspanner 37
Weißer Waldportier 92 f.
Weißfleck-Widderchen 131
Weißling 16 ff., 22 ff.
Weißling, Baum- 36
Weißling, Grünader- 27
Weißling, Karst- 27
Weißling, Schmalflügel- 36
Weißling, Wildkohl- 27
Widderchen, Esparsetten- 130
Widderchen, Fünffleck- 115
Widderchen, Purpur- 130
Widderchen, Sechsfleck- 114 f.
Widderchen, Weißfleck- 131
Wiesenvögelchen, Gewöhnliches 64 f.
Wiesenvögelchen, Weißbindiges 65
Wildkohl-Weißling 27
Witwenblume, Acker- 14

Y

Yponomeuta padella 37

Z

Zahnspinner 100
Zimtbär 79
Zimteule 83
Zipfelfalter, Blauer Eichen- 94 f.
Zipfelfalter, Grüner 131
Zipfelfalter, Nierenfleck- 95
Zitronenfalter 30 f.
Zünsler 34
Zwerg-Bläuling 108
Zygaena carniolica 130
Zygaena filipendulae 114
Zygaena purpuralis 130
Zygaena viciae 115

LIEB-LINKS, BÜCHER ZUM WEITERLESEN

BÜCHER ZUM WEITERLESEN UND BESTIMMEN VON FALTERN

Bellmann, H. & R. Ulrich (2016): Der Kosmos-Schmetterlingsführer. – Kosmos Verlag, Stuttgart.

Reinhardt, R. et al. (2020): Verbreitungsatlas der Tagfalter und Widderchen Deutschlands. – Ulmer Verlag, Stuttgart.

Settele, J. et al. (2015): Schmetterlinge – Die Tagfalter Deutschlands". – Ulmer Verlag, Stuttgart.

Steiner, A., Ratzel, U., Top-Jensen, & M. Fibiger (2014): Die Nachtfalter Deutschlands. - BugBook Publishing. Oestermarie, Dänemark.

Ulrich, R. (2015): Schmetterlinge entdecken und verstehen. - Kosmos Verlag, Stuttgart.

Ulrich, R. (2018): Tagaktive Nachtfalter. – Kosmos Verlag, Stuttgart.

FALTER-LIEB-LINKS

www.lepiforum.de (Bestimmungshilfe, Fotosammlungen; wichtigste Seite!)
www.euroleps.ch (Bestimmungshilfe und Fotosammlungen; Schweiz und Europa)
www.tagfalter-monitoring.de (Tagfalter-Kartierung auf Transekten)
www.schmetterling-raupe.de (Portal für Schmetterlinge und Raupen)
www.wikipedia.de (Porträts zu sehr vielen Arten)

DER AUTOR

Seit über 50 Jahren dreht sich bei **Rainer Ulrich** (fast!) alles um Schmetterlinge! Jahrelang erforschte er intensiv die Tagfalter seiner Heimatgemeinde Illingen im Saarland. Das Ergebnis: seine über 200 Seiten starke Examensarbeit als Abschluss des Lehramtsstudiums. Das war sein wissenschaftlicher Einstieg in die Schmetterlingsforschung!

Doch Forschen hat Ulrich nie genügt – er wollte die Schmetterlinge immer auch schützen. Seit über 40 Jahren ist er im NABU aktiv und im Saarland Ansprechpartner für die Bevölkerung in Sachen Schmetterlinge. Bei Vorträgen und Führungen begeistert er Kinder und Erwachsene für die bunten Falter.
Seine Devise lautet: Schmetterlinge erforschen und schützen – und das Wissen in amüsanter Form weitergeben.

Mittlerweile hat Rainer Ulrich weit über 100 wissenschaftliche Veröffentlichungen und Gutachten über Tagfalter verfasst. Dazu kamen zahlreiche Artikel für Naturinteressierte in Zeitungen, Zeitschriften und Büchern. Im Jahr 2015 erschien im KOSMOS Verlag sein wunderbares Buch „Schmetterlinge – entdecken und verstehen". Ein ganz besonderer Naturführer, gespickt mit vielen persönlichen Erlebnissen – ein „Begeisterungsbuch für Schmetterlinge".
Danach überarbeitete und aktualisierte er den in die Jahre gekommenen KOSMOS-Schmetterlingsführer.

Als drittes Schmetterlingsbuch erschien 2018 das Grundlagenwerk „Tagaktive Nachtfalter" von Ulrich im KOSMOS Verlag. Für diese „neue" Schmetterlingsgruppe gibt es nun, dank Ulrich, erstmals ein von vielen Schmetterlingsfreunden sehnlichst erwartetes Bestimmungsbuch in Mitteleuropa. Das Buch erschien 2020 in unveränderter Aufmachung in französischer Sprache.

Sehr schön hat ein Redakteur der lokalen „Saarbrücker Zeitung", Rainer Ulrichs Wirken in einem Artikel zusammengefasst: „Rainer Ulrich liebt die Tänzer im Wind. Er ist ein Forscher mit großer Leidenschaft. Es wird behauptet, er kenne jeden Schmetterling im Saarland. Er ist der, der mit den Schmetterlingen tanzt."

BILDNACHWEIS

Mit 219 Farbfotos von **Rainer Ulrich.**

Weitere 22 Fotos von: **Bernd Flicker** (73r, 106r, 108ur), **Martin Gach** (56, 57l, 71 l, 81r), **Gerhard Hänsel** (70, 72), **Robert Hirmer** (79, 94), **Hannes Petrischak** (77l), **Winfried Rupp** (101l, 124), **Milena Schneider** (132r), **Hans-Joachim Schuh** (68), **Maren Ulrich** (13, 19r, 108o, 140), **Michael Zepf** (60, 66).

IMPRESSUM

Mit 241 Farbfotos.

Umschlaggestaltung von **Populärgrafik** unter Verwendung eines Fotos von **Rainer Ulrich**. Das Foto zeigt einen Dukaten-Feuerfalter. Das Foto auf der Rückseite zeigt eine Schwalbenschwanzraupe, die sich zum Verpuppen aufgehängt hat. Foto von **Rainer Ulrich.**

FSC www.fsc.org MIX Papier aus verantwortungsvollen Quellen FSC® C110508

Gedruckt auf chlorfrei gebleichtem Papier

ISBN: 978-3-440-16904-9
Redaktion: Ben Boden
Gestaltungskonzept: GRAMISCI Editorialdesign, München
Satz: DOPPELPUNKT, Stuttgart
Produktion: Markus Schärtlein
Druck und Bindung: Westermann Druck, Zwickau
Printed in Germany / Imprimé en Allemagne

Meine Frau Maren Ulrich und Axel Steiner (76327 Pfinztal) haben den Text gegengelesen und viele wertvolle Verbesserungsvorschläge eingebracht. Dafür ganz herzlichen Dank!

Maren Ulrich hat mich bei der Auswahl und Anordnung der Fotos tatkräftig unterstützt. Insbesondere half sie mir dabei, aus über 1.100 Fotos die Schönsten für dieses Buch auszuwählen.

Eulen, Bären, — Spinner & Co.

312 Seiten, ca. €(D) 32,00

Der erste Bestimmungsführer für die tagaktiven Nachtfalter in Mitteleuropa. In diesem Buch werden die vielen Nachtfalter, die man bei uns tagsüber zusammen mit den Tagfaltern beobachten kann, in wunderschönen Freilandfotos vorgestellt. Zusätzlich sind alle 330 in Deutschland vorkommenden Arten auf Bestimmungstafeln in ihrer natürlichen Größe und im Vergleich mit den jeweiligen Verwechslungsarten abgebildet. So gelingt die Bestimmung sicher und einfach. Das Buch füllt eine echte Lücke in der Schmetterlingsliteratur.

kosmos.de

NABU
INSEKTENSOMMER
Zählen, was zählt
Mehr zur Mitmach-Aktion unter:
WWW.INSEKTENSOMMER.DE

Kleiner Fuchs